生活安全

儿童安全百科

我 会 保 护 自 己

（韩）李美贤 / 文

（韩）李孝实　李敏善 / 图

代　飞 / 译

化学工业出版社

·北京·

前言

　　每个孩子都是父母的天使！每个孩子的安全都会牵动父母、老师和身边所有熟悉的人的心！

　　小孩子都是天真无邪的，他们天性活泼好动，对世界充满好奇，也正因为如此，他们往往比成人更容易置身于危险的境地。比如，儿童医院每天都会收治大量在生活中意外受伤的孩子，新闻里也会时常听到有关儿童被伤害或被拐卖的消息。我们多么希望在全社会共同关注儿童安全的同时，孩子们自己也学会如何保护自己，就像爸爸、妈妈保护他们一样地保护自己！

　　怎样能让孩子们认识到在家里、在学校、在游乐场、在户外等各种场合可能存在的危险，学会保护自己的方法呢？通过孩子们喜爱的童话故事来渗透这种意识，无疑是最好的途径。

　　本丛书编写了25个童话故事，涉及生活中的安全、交通安全、预防失踪和拐卖、防止性侵和虐待、食品药品安全、发生灾害时的安全等6个与日常生活密切相关的安全领域。故事里的主人公在不同的场合经历了各种各样的险情，

但是在正确方法的指引下，他们避开了危险，转危为安！相信孩子们读着故事，会不由自主地和自己的经历做比较，会思考"如果我在这种情况下会怎么做？"这种潜移默化的渗透显然好过说教。

每个故事的后面，还有一些图文并茂、简单易懂的"安全规则"，会帮助孩子们梳理故事中的知识点。紧张刺激的"儿童安全知识抢答"更是让孩子们在玩挑战游戏的过程中进一步加深印象，帮助他们树立安全意识，养成良好的安全习惯。即使遇到危险，他们也能从容应对！

希望每个孩子都认识到鲜花很美，但是可能有扎手的刺，不能摘；希望每个孩子都能平平安安、健康快乐地成长！

目录

小魔女的生日聚会

今天是小魔女期盼已久的生日。

小魔女向朋友们发出了生日邀请函。

今天是我的生日哟，
快来我家玩吧。
让我们玩得开心！

小魔女

小魔女的朋友们陆续到了。咕嘟魔女、尖尖魔女、轰轰魔女、咚咚魔女、呀呀魔女，一个不少地全都到小魔女的家里来玩了。

"小伙伴们，欢迎！"

小魔女开心地迎接她的朋友们。

"小魔女，我要给你做个超帅的礼物！"

咕嘟魔女点燃了煤气灶，"咕嘟咕嘟"地烧开了一锅水，接着又把青蛙的后腿和蟑螂的便便放了进去。她打算制造一种魔法药水。

"嘘，安静点儿！"

咕嘟魔女刚想要端起滚烫的小锅，只听到"啊"的一声尖叫，她的手被烫到了。

看到这个情形，尖尖魔女说话了：

"咕嘟魔女，让我来治好你的手！"

尖尖魔女给咕嘟魔女的手缠上绷带，然后拿着一根铁筷子，一边念着咒语，一边转着圈圈，谁知一不小心，把手中的铁筷子戳进了插座孔。

"啊！尖尖魔女，不要啊！"

滋滋！尖尖魔女触电了，她的头发顿时变成了葱根须。

"我要从魔法书里找到能把一切恢复原状的咒语！"

轰轰魔女"轰轰轰"地爬到书柜顶端，去掏最上面的魔法书。

书柜"轰隆"一声倒了下来，轰轰魔女摔得浑身是伤。

"现在大家都忘掉魔法这回事，我们一起来比赛跳高吧！"

"轰轰魔女危险呀！"

咚咚

咚咚魔女说着，就开始在床上"咚咚咚"地又蹦又跳。

"不行！在床上跳会受伤的！"

小小魔女还没来得及阻止，咚咚魔女已经跌到了床下，脑袋上鼓起了一个大包。

就在这时，厨房里传来一声巨响，原来呀呀魔女把不锈钢饭盒放进了微波炉里加热，微波炉"砰"的一声爆了。

小魔女的家被搞得一团糟。朋友们也个个灰头土脸。

"呜呜……小伙伴们也受伤了，我的生日聚会也完全搞砸了！"

小魔女哭丧着脸。

这时，朋友们合力念起了魔法咒语，为她做了一个超级生日蛋糕。

"小魔女，对不起。祝你生日快乐！"

1 预防触电事故

滋滋

把手指或金属插进插座里，可能会触电！

2 预防阳台坠落事故

不要爬到阳台窗框上，或打开纱窗向外看！

3 防止手指被夹伤

啊！我的手指头

开、关门的时候，不要把手放在门边！

4 不要攀爬家具

嗡 嗡 嗡！

不要扒、拽大的家具，或爬到书柜上，因为可能会让它们倒塌！

5 不要摆弄厨房用具

没有大人的同意，不可以随便碰刀、剪刀、煤气灶等危险的厨房用具！

6 防止浴室滑倒

有水的浴室地面很湿滑，要小心。还要注意不要被淋浴器里出来的热水烫到！

7 防止微波炉爆炸

微波炉里只能放入瓷碗或微波炉专用碗。把塑料、锡箔纸、密封袋、金属制品、坚果（银杏、栗子、花生等）等放进微波炉加热，会有爆炸的可能，因此十分危险！

8 防止插座着火

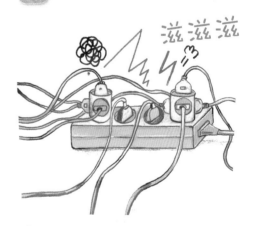

不要在一个插座上插很多电线，稍不留神就有可能着火！

1 被开水或火烫伤

把烫伤的部位浸泡到凉水中，
然后涂抹凡士林霜，
伤口严重的情况下去医院。

2 被刀或剪刀割伤流血

用消毒药给伤口消毒，
涂抹治疗伤口的软膏后，
粘贴创可贴或胶布。

3 吃了危险的东西或药物

把手指头放入口腔内
按压舌根，
呕吐出来后去医院。

4 骨折

用木板或夹板
固定骨折的部位，
然后去医院。

5 耳朵里进了虫子

耳朵向下，用手电筒照射，
使虫子逃出来。
或者用棉棒蘸上黏黏的东西，
把虫子掏出来。

嗡嗡

6 眼睛里进了异物

试着流眼泪，
或者用流水冲洗眼睛。
如果还不行，
就去医院看眼科大夫。

儿童安全知识抢答

❶ 下列物品中哪个是可以放进微波炉的？

① 栗子壳　　② 银杏果　　③ 瓷碗　　④ 锡箔纸

❷ 怎样吃糖葫芦串才安全？

竖着拿串儿，立着吃

横着拿串儿，平着吃

正确答案：❶③　❷横着拿串儿，平着吃

13

对付坏企鹅的妙招

奇奇和呃呃是一对双胞胎企鹅。今天它俩又被头儿教训了一顿，因为自从当了小偷，它俩一次也没成功过。

"喂，你们这两个笨蛋！要是今天还不得手，就别想再回来了！"

奇奇和呃呃跑到学校门前，去窥探孩子们。

它们要找脖子上挂着钥匙的孩子，因为那代表孩子的家里没有任何人。跟着那样的孩子最适合偷东西了！

"丁零，丁零"正在这时头儿来电话了。奇奇和呃呃精神一振。

"头儿，脖子上挂钥匙的孩子一个都没有。"

"那就去跟踪那些自己回家的孩子！"

奇奇和呃呃紧紧跟着一个独自一人回家的小朋友。

当它们准备坐电梯的时候，小朋友说自己等会儿再上去，让奇奇和呃呃先坐这趟电梯。

于是奇奇和呃呃又给头儿打了电话。

"嗯，不和陌生人一起坐电梯，真是聪明的小朋友呀！"

头儿让它俩在方便的地方下电梯，然后观察孩子去了几楼。小朋友在12楼下了电梯，躲在附近的奇奇立刻跑了过去。

小朋友正在按大门密码，他

明天见！

拜拜！

竟然
不按密码！

一看到奇奇靠近，立刻停了下来，一直等到奇奇完全走过去才接着按数字。

"哼，果然是不好对付的小孩儿。"

头儿在电话里向奇奇和呃呃下达指令，命令它们直接按门铃进去。

"叮咚！"

"请问是谁？"

"有快递。"

"请放在小区物业或保安那里吧。"

"叮咚！"

"来抄煤气表的。"

"请您下次再来。"

奇奇和呃呃不停地按门铃，但是每次都失败了，甚至后来它们再按门铃，孩子压根儿都不回答了。

"那个……头儿！我们肚子饿了，不干了行不行？"

"说什么呢？连饭钱都赚不到的傻瓜！"

头儿大发雷霆，让它们给独自在家的孩子打电话，想办法打听点儿个人信息什么的，再用这些信息干坏事。

　　奇奇和呃呃按照头儿的方法打了电话。

　　"这里是保险公司，需要和你核对一下个人信息。请问你爸爸妈妈的姓名和电话号码是什么？"

　　"这里是邮局。要往你爸爸妈妈的银行卡上汇款，请告诉我卡号和密码，好吗？"

　　小朋友接听了电话以后，不是直接把电话挂断，就是一口回绝说不知道。

　　"头儿说今天要是还不成功就别回去，怎么办？"

　　奇奇和呃呃饿了一整天，结果一次也没得手。听说后来它们带着饿得咕咕直叫的肚子返回大海了。

1 进电梯之前

独自一人的时候，不要和陌生人一起乘电梯。让他们先上去，你乘下一趟。

2 按大门密码前

按密码前要留意周围。当有别人在的时候，不要按密码。

3 有人问你的信息时

陌生人即使很和气地问你的名字、学校、住址、联系方式等信息，也绝对不要告诉他。

4 进家的时候

即使家里一个人都没有，进家的时候也要像家里有人那样，一边打招呼说"我回来啦"，一边进门。

5 自己一个人在家的时候

叮咚！

嘘！

汪汪！

⚠ 有陌生人来，不要给他开门。要像家里没有人那样，把门锁得紧紧的。

6 有电话打来的时候

顾客您好，这里是企鹅快递。请告诉我你家的地址。

⚠ 如果有电话问你家的信息，就说不知道。另外，独自在家的时候不要点外卖。

儿童安全知识抢答

❶ 当你自己一个人在家的时候，可以给下面哪个人开门呢？

① 邻居家的阿姨　　② 燃气检查员　　③ 送快递的叔叔
④ 妈妈说过可以给她开门的亲戚家的姐姐

❷ 下列哪个孩子的行为是不对的？

① 进家门的时候打招呼说"我回来了"的孩子
② 有陌生人在旁边的时候，不按大门密码的孩子
③ 自己独自在家的时候点外卖的孩子
④ 不独自和陌生人一起乘电梯的孩子

正确答案 ❶④　❷③

操心·博士的"享受冒险药"

操心博士的孙女小草莓今天不知怎么了，动来动去的，一刻都安静不下来。

"我们玩抓小偷的游戏吧！"小草莓向同伴咚咚发出邀请。

为了不被淘气包咚咚抓住，小草莓在书桌之间跑来跑去、东躲西藏。

"啊！"

就在她差一点儿要撞上尖尖的桌角时，有人从后面"呼"地抓住了小草莓。小草莓连忙回头看，却只看到咚咚从远处跑来。

"这次我们进行铅笔大战吧！"小草莓又有了新想法。

当小草莓的铅笔尖马上就要碰到咚咚脸的瞬间，铅笔"嗖"地从她手里脱落，掉到了地板上。

神奇的事情接连发生。

小草莓坐在窗台上玩抓石子儿的游戏，石子儿突然从手上掉了下去，小草莓的身体也跟着向窗台下面探出去，危急时刻，她隐约觉得有人抓住了自己。

去食堂吃午饭时，小草莓两级两级地跳楼梯，一个没站稳

啊，小草莓，危险！

差点儿摔倒的时候，还有顺着楼梯扶手向下滑，差点儿掉下去的时候，她似乎都感觉到有人抓住了自己。

到这里还没完。科学课上小草莓乱动实验器具，正当她想用鼻子去闻药品的味道时，有种看不见的力量，阻止了小草莓的行为。

体育课上，小草莓使出最大的力气踢了一脚球，球没飞进球门，却飞向了一个戴着眼镜的小伙伴，眼看着就要砸到那个小伙伴了，球却突然停在了半空中，然后重重地掉到了地上。

终于到了放学打扫卫生的时间。小草莓和咚咚举着拖把打打闹闹。小草莓差点儿被咚咚的拖把打到脑袋，幸好有个力量把她的身体猛地向后一拽，才让她躲过一劫。

"今天真是个神奇的日子呀！"

平安无事度过一天的小草莓回家了。

过了一会儿，伴随着"哎哟哎哟"的声音，操心博士出现在了教室里。

"唉，谁让小草莓误喝了享受冒险的药呢！要不是我变成透明人跟着她，差点儿出大事。以后再也不能把药放到冰箱里，一定要放在安全的地方！"

操心博士筋疲力尽地回家去了。

1 在教室里

① 不要在桌椅之间跑来跑去。在教室里跑动，可能会摔倒或碰到桌椅。

② 不要坐在椅子上晃来晃去。如果没掌握平衡而向后倒下，有可能使头部或腰部受伤。

③ 不要和小伙伴用拖把或扫帚之类的清扫工具打闹玩耍。

④ 不要朝小伙伴扔东西。哪怕是很小、很轻的东西，也可能因为扔出去的力量而给小伙伴造成很严重的伤害。

⑤ 不要攀爬储物柜、桌子、讲台等，容易摔下来或崴脚。

⑥ 不要拿小刀、剪刀、铅笔等尖锐的物品玩耍，可能会刺伤脸部或眼睛。

⑦ 不要爬到窗台上或者倚靠窗户。

⑧ 不要向窗外扔东西，容易击中经过的行人。

2 在走廊上

不要跑动。如果猛跑时和同学相撞会摔倒或会受伤。目视前方好好走，保持右侧通行。

3 在楼梯上

不要一次跨两三个台阶，也不要顺着楼梯扶手向下滑。

4 在食堂端餐盘的时候

用两只手端餐盘。端着餐盘时不要跑，也不要挤前面的人，防止摔倒或被烫。

5 在食堂吃饭的时候

不要用筷子或叉子和伙伴玩闹，防止被扎伤。

6 使用实验室安全装备

熟记实验器具使用方法，认真按照老师讲的步骤来做。

7 不要闻药品的气味

在实验室里不要随便闻药品的气味；因为有的药品含有毒成分，所以有危险。

8 当药品进眼睛里的时候

实验过程中不小心把药品弄到眼睛里的时候，要立刻用流水冲洗眼睛，然后去医院接受治疗。

9 在操场玩球的时候

不要朝着别人的脸踢球。特别是戴眼镜的小伙伴，如果被球砸到，镜片可能会扎到眼睛，很危险。

10 在操场上要遵守的规则

① 不要穿拖鞋。可能因为鞋子跑掉而摔倒或扎脚。

② 不要朝小伙伴扬沙子。沙子进到眼睛里会非常痛的哟。

③ 不要推、拉小伙伴，要安全使用运动器械。

儿童安全知识抢答

① 如果像下面这样做的话，会发生什么事？请大声说一说。

　①一次跨两三个台阶下楼→（　　　　　）

　②爬到窗台上，把脑袋伸出窗外向下看→（　　　　　）

　③挥舞剪刀或尖尖的尺子打闹→（　　　　　）

　④在桌子之间跑来跑去→（　　　　　）

② 下面哪个孩子的行为是正确的？

　①用两只手端餐盘的孩子　　②像穿拖鞋那样穿鞋的孩子

　③向窗外扔东西的孩子　　④拿叉子玩耍的孩子

正确答案：① ①从楼梯上摔下来 ②掉到窗户外边 ③扎伤眼睛或身体 ④撞到桌子角上 ② ①

姐姐的超能力

嗯，这是个秘密。

我姐姐具有超能力，即使坐在家里不动弹也能看到很远之外的东西。

我发现姐姐的超能力是不久之前的事。

"小力，我不是告诉过你不要倒着滑滑梯吗？"

我刚从游乐场回来，姐姐马上就说我。

可姐姐是怎么知道的呢？

姐姐一直都没有来过游乐场啊。

刚开始我还装蒜。

"姐姐你看到了？"

"当然看到了。"

"骗人！"

"你不是和小同一起

玩滑梯了吗？还趴着

往下滑了，是不是？

还直接跳下去了，是不

是？要是受了伤，看你怎么办！"

姐姐连我和小同打闹的情况都知道得一清二楚。

"你什么时候去游乐场的？"

"不去游乐场我也有办法知道！"

我认为肯定是小同打了小报告。然而第二天我问小同，他

说绝对不是他。

所以第二天我们在游乐场玩的时候，四处搜索姐姐在哪里

偷看。

树后面找了，小胡同也找了，可以藏起来的地方都找了一

遍，哪儿都没有看到姐姐。

我们确定了姐姐不在之后，就在游乐场的边道上尽情地玩起了球。

然而我一回到家，姐姐又发火了。

"你怎么可以突然跑到车道上捡球！你要是总干冒险的事儿，我就再也不让你去游乐场了！"

姐姐严厉地吓唬我。

我想不明白就问道："姐姐难道有超能力？"

"什么？哈哈。是的，有超能力。怎么了？你无论干什么、玩什么，我都能看到，所以休想骗姐姐。以后玩的时候注意安全！"

哼，姐姐真可疑。我们家离游乐场挺远的，姐姐怎么坐在家里就能把我在游乐场做的事都知道得一清二楚呢？

还有一天，她这样讲：

"小力啊，荡秋千的时候两只手

一定要抓牢两边的绳子。要不然会摔下来哟。"

"不可以玩扬沙子的游戏！沙子要是进到小伙伴的眼睛里，可就大事不好了。哎哟，你怎么尽干那种危险的事儿呢？我真是一刻不盯着你都不行呀。"

当姐姐这样说的时候，我确信：姐姐是有超能力的。

没办法，我只能乖乖地按照姐姐的话去做。

哼，看来姐姐的超能力不用在好事上，专门用在监视我上面了。要是有能知道考试题目的答案，或者能一直在游戏中获胜，或是能读懂朋友想法的超能力，那该有多棒啊！当我求姐姐告诉我自己喜欢的女孩在干什么，或者熊猫文具店有没有进新游戏的时候，她就会敲我的脑袋。既然有了超能力，就应该用在好事上嘛，为什么一直隐藏呢？总有一天我要搞清楚姐姐

不要扬沙子！

超能力的秘密。

今天不知道为什么姐姐回来晚了。我闲着无聊打开了电视，翻着频道找动画片看。啊！电视画面上出现的不是姐姐吗？

姐姐坐在游乐场的长凳上，正和朋友做印第安娃娃。那种替人分担忧虑的印第安娃娃，在姐姐的房间里至少还有3个呢。

啊哈！游乐场监视器。

姐姐回来时，我说道：

"姐姐，你刚刚和小智姐在游乐场的长凳上吧？"

"啊，你来游乐场了？"

"没有啊，但是我都看到了。你俩做印第安娃娃了吧？现在我也有超能力了哟。"

我朝姐姐做了个鬼脸，然后拿着球跑了出去。

"喂！即使能看到游乐场，但是你知道看着你玩有多辛苦吗？"

身后传来姐姐的喊声。

"哎！"我是知道的，姐姐功课繁忙，却一直看守着我玩耍，是因为担心我玩危险的游戏。我当然也明白，姐姐的超能力虽然是假的，心意却是真的。

话说回来，超能力真的是不可能的吗？

将来，我要和小同好好研究一下超能力。小同说过，有部电影里的主人公一直盯着苹果树看，等到苹果落下来，他就有了超能力。

等秋天到了，我也要和小同一起到苹果树那儿，盯着看苹果落下来。

1 荡秋千

> 啊，要掉下来了！

两只手要抓紧秋千两边的绳子。如果只用一只手抓绳子，有可能会从秋千上掉下来。

2 坐转转椅游戏

晕晕

乎乎

转的时间太长会感到头晕。在旋转过程中，千万不要突然下去。

3 玩跷跷板

> 啊！怎么能突然走开！

两端不在水平位置的时候，不要突然离开跷跷板。

4 玩滑梯

啊！

不要趴着向下滑。不要在滑梯顶部打闹，以免掉下来。

5 玩单杠

🚨 不要撒开手倒挂在单杠上。

6 玩球

🚨 即使球滚到了车道上，也不要跑进车道内捡球。

儿童安全知识抢答

1 把对应的两组用线连起来。

① 荡秋千的时候　　·　　·A 不可以跑进车道里去捡球

② 玩滑梯的时候　　·　　·B 不可以单手抓着绳子

③ 玩球的时候　　　·　　·C 不可以趴着滑下来

④ 玩沙子的时候　　·　　·D 不可以向小伙伴扬沙子

2 去游乐场的时候穿什么样的衣服呢？

① 睡衣　　② T恤和长裤　　③ 爸爸妈妈的衣服　　④ 民族服装

我们去玩水吧

珍珍喜欢给所有的东西起名字。她给自己身体上的每个部位也一一起了名字。头发叫飘飘，手指头叫叮叮，腿叫长长，脸蛋当然叫美美啦。

珍珍把有水滴花纹的泳衣"滴滴"和紫罗兰色的泳镜"莎莎"，还有游泳圈"圈圈"和救生衣"噗噗"都放进了背包里。

因为放暑假了，珍珍马上要和家人一起去水上乐园、大海和小溪，进行一场玩水之旅。

第一天是水上乐园之旅。

一到水上乐园，珍珍就换上水滴花纹的泳衣"滴滴"，朝着泳池跑去。

"孩子们，游泳馆的地面很滑，跑来跑去会摔倒哟！"

妈妈大声提醒道。

"小家伙们，再着急也要先做准备活动才能下水呀。"

爸爸拦住了朝游泳池跑过去的孩子们。珍珍和弟弟小宝跟着爸爸一起做了轻微的准备活动。

"下水的时候，应当从脚部开始慢慢地进到水里，知道了吗？"

在游泳池里，珍珍和小宝一会儿套着游泳圈，用脚打水，一会儿玩水上滑梯，一会儿又跳进人造波浪中，尽情享受着玩水的乐趣。

一二，一二！

玩了一会儿，珍珍看到小宝的身体哆哆嗦嗦的。

"你刚刚在水里尿尿了吧？"

"去洗手间太麻烦了，嘿嘿。"

珍珍觉得小宝在水里小便太丢脸，不由得脸红了。

"在游泳池里尿尿，水会被污染的。如果人们因此得了皮肤病或者眼病的话，那该怎么办！"

珍珍生气地瞪着小宝。

"我下回不这样了。真的！"

你尿尿了吧？

噗噜噜　　噗噜噜

珍珍见小宝认识到了自己的错误，于是决定原谅他一次。

第二天，珍珍一家去了海边。

爸爸给珍珍的游泳圈充了气，还给她穿上了救生衣。妈妈给她抹了防晒霜，帮她戴上了泳帽。

"沙子很烫，而且说不定里面有碎玻璃，因此一定要穿鞋。只能在安全线以内玩，不能在水里待太久。知道了吗？"

珍珍、小宝和爸爸妈妈拉钩保证之后，做了些准备活动就下海了。

"啊，好痛！"

刚玩了一会儿，珍珍的腿上突然感到火辣辣的。

"姐姐，你是不是被海蜇蜇到了？"

小宝立即跑过

去告诉了爸爸。爸爸看了一眼珍珍的腿，赶紧拨打120，然后用海水反复清洗珍珍腿上的受伤部位。珍珍被120急救车送去了医院。幸亏急救处理做得好，没出什么大问题。

接下来的一天，珍珍一家又去了溪谷。他们把西瓜浸泡在冰凉的溪水中，在溪水里尽情地打水仗。

突然小宝的鞋子掉了，顺着溪水漂走了。

"啊，我的鞋！"

小宝刚想去追自己的鞋，珍珍一把抓住了小宝的胳膊。

"小宝，有的地方水流急，不能瞎跑去追鞋。我们去让爸爸想办法吧。"

爸爸用一根长长的棍子把小宝的鞋给捞了起来。

"啊，有人掉到水里了！"

老爸真棒！

顺着喊声看过去，一个叔叔正在溪水中挣扎着。

"爸爸，我们快去救叔叔吧！"

珍珍和小宝急得直跺脚，一个劲儿地催促爸爸。

爸爸把救生圈扔给了掉进水里的叔叔，随后拨打了120。

"救落水的人时，我们不可以直接跳进水里。要把救生圈扔过去，或者握住长绳的一端，把另一端扔过去。落水的人抓住绳子，岸上的人合力把他拉上来就行了。"

不一会儿急救队到了，把叔叔安全地救了上来。

"啊，谢天谢地。"

珍珍和小宝再次明白：只有遵守安全规则，才能玩得痛快。

1 泳游的服装

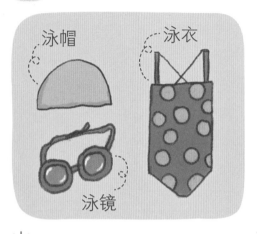

在游泳馆玩水的时候，一定要穿泳衣，戴泳帽和泳镜。

2 不要跑

游泳馆地面湿滑，很容易摔倒，不要跑来跑去。

3 做准备活动

下水之前一定要做准备活动，否则腿部可能会抽筋，非常危险。

4 从脚开始进到水里

下水的时候，应当从离心脏最远的脚开始，一点点进到水里，不然心脏容易受刺激，可能会导致心脏麻痹。

5 从指定的地方跳水

只能在指定的地方跳水。在浅水区域跳水，可能会撞伤脑袋，需要特别小心哟！

6 不要进入深水区

即使会游泳，也不要进入深水区。只能在深度适合自己身高的水里玩。

7 遵守水上游戏器具的使用方法

正确使用水上游戏器具。不按照正确方法操作的话，一不小心可能会发生安全事故。

8 不在水里小便

不要在游泳池里小便。水被污染后有可能会引发皮肤病或者眼部疾病。

1. 下海之前要戴上泳帽、泳镜，穿好救生衣。

2. 一定要穿鞋。如果踩到被太阳晒得滚烫的沙子，有可能会被烫伤，还有可能被沙子里的碎玻璃扎伤。

3. 一定要涂防晒霜、戴太阳镜和帽子等，以免被炙热的阳光晒伤。

4. 给游泳圈充气时，充到用手按压稍稍有些软的程度即可。如果气充得太足，游泳圈有可能会爆裂。

5. 只在安全线以内玩耍。即使是在安全线以内，也不要在水超过肚脐以上的位置，或爸爸妈妈看不到的地方玩。安全线以外是深水区，小朋友不能去。

6. 不要在水里待太长时间，以免感冒，或导致体温过低而引起危险。

10 穿凉鞋

凉鞋

在溪谷中，由于水是流动的，拖鞋很容易脱落。要穿类似凉鞋那种有带子固定的鞋子。

11 不要去捡被水冲走的鞋子

如果鞋子被冲走了，不要蹚水去捡鞋子，要请大人帮忙捡。

12 看到有人溺水的时候

救救我啊！

不要跳下水，应立刻拨打120，并且把救生圈、长竿、长绳等工具抛给溺水的人。

13 不要喝小溪里的水

溪水里有寄生虫和微生物，误喝会引起腹泻。去郊野游玩，一定要带足饮用水。

被海蜇蜇到时的**应急处理**

1 告诉大人被海蜇蜇到的事情

为了能够迅速处理，
一定要及时告诉急救人员
被海蜇蜇到的事情。

2 拿掉海蜇

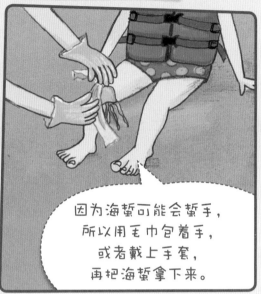

因为海蜇可能会蜇手，
所以用毛巾包着手，
或者戴上手套，
再把海蜇拿下来。

3 清洗受伤部位

用海水冲洗受伤部位进行消毒。
如果用矿泉水或酒精冲洗，
海蜇的毒素可能会扩散，因此不能使用。

4 去医院

急救处理结束后，
要马上去医院
接受医生的诊疗。

海蜇是什么？

海蜇是海洋里靠吃动物性浮游生物为生的无脊椎动物，身体呈雨伞状，像头发丝一样的触须垂在身体下面，在大海里漂来漂去。

海蜇在8—9月活动最活跃，随着它的天敌——绿鳍马面鲀数量的减少，海蜇的数量急剧增加，海蜇蜇人的事故也相应增多。为了解决这个问题，人们正在努力养殖绿鳍马面鲀。

儿童安全知识抢答

❶ 下列哪个孩子没有遵守水上游戏的安全规则？

① 下水之前做准备活动的孩子
② 在海边穿着救生衣和凉鞋的孩子
③ 把救生圈抛给溺水的人的孩子
④ 在溪谷中追着去捡被水冲走鞋的孩子

❷ 哪些是被海蜇蜇到后不可以做的事情，请把它们都挑出来。

① 告诉急救人员被海蜇蜇到了
② 用酒精给受伤部位消毒
③ 搓揉受伤部位
④ 用海水冲洗受伤部位10分钟以上

正确答案 ❶ ④ ❷ ②③

遇到山怪了

今天是去山里郊游的开心日子。

哆哆和小伙伴们穿行在长满参天大树的茂密树林里，一路听着泉水叮咚的声音，沿着山路向上爬。

吃了妈妈给准备的香喷喷的紫菜包饭，喝了甜甜的果汁之后，终于到了寻宝游戏的时间。

"宝物的名字写在了红色的纸条上。不要跑远，请在老师能看到的范围内寻找！"

老师的话音刚落，小伙伴们就呼啦一声都跑开了，大家开始寻找纸条。

"我得马上找到纸条，可是偏偏又想尿尿！"

哆哆嫌去远处的厕所麻烦，于是打算在别人看不见的树底下小便。

"是谁在随地小便啊？哼！"

哆哆吓了一跳。扭头一看，眼前站着一个山怪。

"草丛里有蜱虫，所以不能随便在树林里小便。跟我来。哼！"

山怪抓着哆哆的手，嗖地一下跳到自己居住的树上。哆哆在山怪家的厕所里，痛痛快快地撒了一大泡尿。

"谢谢您！"

哆哆稀里糊涂地从山怪家出来了，可是却找不到小伙伴们和老师了。

哆哆迷了路，好长时间他都在同一个地方来回转圈。

"要是回不了家，再也见不到妈妈和爸爸了，该怎么办？"

哆哆害怕极了，眼泪在眼睛里打转。就在这时，山怪又出现了。

"爬山的时候掉队，很容易迷路。迷路的时候，最好用树枝标记位置。返回的路，我来帮你找吧！"

再次见到山怪，哆哆非常开心。

"嗡嗡，嗡嗡。"

哆哆跟在山怪后面，走着走着，"嗡嗡嗡"的声音越来越近。啊，竟然是蜂群！哆哆吓得直挥手。

啊，应该朝哪儿走呢？

"哎，不要动！逃跑或用手赶蜜蜂会惊吓到它们，待着不动蜜蜂是不会蜇你的。哼！"

听了山怪的话，哆哆闭上眼睛一动不动。果然，"嗡嗡嗡"的声音逐渐远去了。

"蜜蜂喜欢甜味和浓郁的香气，所以在山里不可以吃甜食或喷香水。哼！"

哆哆想起自己刚刚喝了甜甜的果汁，怪不得会招来蜜蜂呢！

哆哆跟着山怪在山路上继续走着。一路上，他们看到了许多花花绿绿、长得很漂亮的蘑菇。

"哇，好漂亮！"

哆哆刚想去摸，山怪急忙阻止。

"没见过的蘑菇或果子，不可以摸，也不可以吃，可能有毒。哼！"

这时，树顶上传来"嘶嘶"的声音，哆哆抬头一看，"啊"的

哇，好漂亮！

一声尖叫。一条蛇正在树上一边吐着舌头，一边盯着哆哆呢。山怪把蛇赶跑了。

　　"在山里要特别小心蛇。我常常见到被蛇咬伤的人。被蛇咬后要立刻把伤口上方勒紧，把伤口里的血挤出来，然后快快去医院。哼！"

多亏了山怪，哆哆才知道在山里面游玩时有那么多需要小心的地方。今天要是没遇到山怪会怎么样，光是想想就让人心惊胆战啊！

"啊，小伙伴们！"

哆哆看到了远处正在努力寻找宝物纸条的小伙伴们。

"这下好了，我也该睡午觉了。对了，来的路上我发现了这个，给你吧。哼！"

山怪掏出来的东西居然是红色的宝物纸条。

"哆哆！"

小伙伴们发现哆哆了。哆哆一边向小伙伴们挥手打招呼，一边扭头准备向山怪表示感谢，但山怪早已消失不见了。

"呀，你找到了宝物纸条啊！在哪儿找着的？"

哆哆手舞足蹈地告诉朋友们：

"是山怪给的！"

"胡说。世上哪有山怪！"

虽然朋友们不相信哆哆的话，但是哆哆自己知道，今天多亏了山怪，自己才能平安无事地回来。哆哆握着手中红色的宝物纸条，静静地注视着山怪消失的那片树林。

去郊游时必须遵守的**安全规则**

1 适合爬山的服装

长袖T恤

长裤

舒适的运动鞋

要穿长衣长裤，以免被蚊虫或蜱虫叮咬。穿轻便舒适、防滑的运动鞋。

2 当心有毒果实

啊，毒蘑菇！

不要随便触摸、采摘山里的果实或蘑菇，更不要吃。它们可能有毒。

3 了解蜜蜂的特性

发胶的香味儿！

到山里去的时候，不要喷发胶或者吃甜的食物。因为蜜蜂喜欢浓郁的甜甜的香气，可能会追着发胶的香味或甜食的味道。

4 蜂群追来的时候

啊，一群蜜蜂！

蜜蜂在周围转的时候，不要用手驱赶或逃跑，蜜蜂会误以为要受到攻击而蜇人。据说只有一动不动地待着，才不会被蜜蜂攻击。

5 了解毒蛇

我没有毒！

我是毒蛇！

吐舌头

吐舌头

在山里要当心蛇。一般三角形头的蛇是毒蛇，一定不要被咬到。

6 不要随地大小便

不能因为嫌去厕所太麻烦而随地大小便。可能会被蜱虫一类的虫子咬到哦！

7 认读指示标记牌

爬山的时候要仔细看指示标记牌，以便知道应该朝哪儿走、还要走多远。

8 迷路的时候

如果迷了路，请按照原路返回。这时最好把树枝扔在地上来标记位置。

9 要沿着规定路线行走

不要拨开灌木丛抄近路，那样容易迷路，也可能会遇到危险的动物。

10 常常喝水

爬山的时候会出很多汗，要多喝水。身体水分不足，容易疲乏，稍不留神就有可能摔倒。

11 全部洗干净

从山里回家之后要马上洗头洗澡，并且仔细查看身上有没有被虫子，尤其是蜱虫叮咬的痕迹。

12 好好拍打衣服

先好好拍打在山里穿过的衣服，然后再洗，以免有虫子附在衣服上。

去郊游时的 **应急处理**

1 被蜜蜂蜇了

被蜜蜂蜇了之后，
不要用手拔蜂针。
用卡片刮掉蜂针之后，
立刻去医院。

2 被蛇咬了

不要用嘴吸毒。
用绳子或手帕
把伤口上方牢牢捆住，
用木板等固定之后去医院。

儿童安全知识抢答

❶ 下面去山里的孩子中，谁的打扮最安全？

① 喷了发胶或啫喱的孩子
② 穿凉鞋的孩子
③ 穿短裤的孩子
④ 穿长袖和运动鞋的孩子

❷ 下面的孩子中，谁违反了在山里的安全规则？

① 不吃在山里发现的蘑菇或果子的孩子
② 不走登山路以外的路的孩子
③ 蜜蜂飞来的时候一动不动待着的孩子
④ 用嘴去把被蛇咬的伙伴的毒吸出来的孩子

正确答案 ❶④ ❷④

儿童安全百科

我 会 保 护 自 己

（韩）李美贤 / 文
（韩）李孝实　李敏善 / 图
代　飞 / 译

化学工业出版社

·北京·

前言

　　每个孩子都是父母的天使！每个孩子的安全都会牵动父母、老师和身边所有熟悉的人的心！

　　小孩子都是天真无邪的，他们天性活泼好动，对世界充满好奇，也正因为如此，他们往往比成人更容易置身于危险的境地。比如，儿童医院每天都会收治大量在生活中意外受伤的孩子，新闻里也会时常听到有关儿童被伤害或被拐卖的消息。我们多么希望在全社会共同关注儿童安全的同时，孩子们自己也学会如何保护自己，就像爸爸、妈妈保护他们一样地保护自己！

　　怎样能让孩子们认识到在家里、在学校、在游乐场、在户外等各种场合可能存在的危险，学会保护自己的方法呢？通过孩子们喜爱的童话故事来渗透这种意识，无疑是最好的途径。

　　本丛书编写了25个童话故事，涉及生活中的安全、交通安全、预防失踪和拐卖、防止性侵和虐待、食品药品安全、发生灾害时的安全等6个与日常生活密切相关的安全领域。故事里的主人公在不同的场合经历了各种各样的险情，

但是在正确方法的指引下，他们避开了危险，转危为安！相信孩子们读着故事，会不由自主地和自己的经历做比较，会思考"如果我在这种情况下会怎么做？"这种潜移默化的渗透显然好过说教。

每个故事的后面，还有一些图文并茂、简单易懂的"安全规则"，会帮助孩子们梳理故事中的知识点。紧张刺激的"儿童安全知识抢答"更是让孩子们在玩挑战游戏的过程中进一步加深印象，帮助他们树立安全意识，养成良好的安全习惯。即使遇到危险，他们也能从容应对！

希望每个孩子都认识到鲜花很美，但是可能有扎手的刺，不能摘；希望每个孩子都能平平安安、健康快乐地成长！

目 录

奇妙的体验馆

"哎哟，我的肚子！"

吃了昨天剩的比萨之后，小宝的肚子就开始疼了，疼得他捂着肚子在房间的地板上直打滚儿。

"小宝呀，吃东西前应该先把手洗干净，还要确认食物的保质期。"保健医生给小宝开了点药，并建议小宝好了以后和妈妈一起去"食品安全体验馆"看看。

几天后，小宝和妈妈一起来

到"食品安全体验馆"。体验馆的老师带领小宝开始了一趟神奇的旅行。

小宝先走进"体内体验屋"。

"来，我们来看看小宝吃的东西都到哪里去了？"

老师让小宝站在屏幕前，屏幕上立刻就出现了小宝体内的画面。

"从嘴里吃进去的食物首先经过食管。食管只有大拇指粗细，看，很细吧！因此，我们吃东西时应当细嚼慢咽，如果狼吞虎咽，食物就有可能卡在嗓子里。

"接下来是胃。平时胃只有你的拳头那么大，可是它就像能吹气变大的气球一样，吃了食物之后会被撑大，如果吃得太多，肚子也会疼的。"

听了老师的话，小宝直点头。

"胃里分泌的胃液会把食物消化成粥状。然后，这些食物就进入弯弯曲曲的长长的小肠。小肠内壁有像毛巾一样的绒毛，营养成分就在这里被吸收，剩下的东西就到了大肠里。大肠进一步吸收水分后，剩下的食物残渣就被制造成了便便。来，现在你把自己当作食物，然后坐一趟滑梯，就像在身体里经过一样。"

坐在弯弯曲曲的滑梯里面一路滑下来之后，小宝一骨碌爬起来，不由自主地放了个屁。小宝不好意思地羞红了脸。

"没什么不好意思的。每个人都会放屁。我们体内的细菌在分解我们吃进去的食物的时候会产生气体，这些气体聚集后排出体外就是放屁。"

小宝想起同桌多多装模作样放屁的样子，忍不住嘿嘿笑了起来。

接下来是"洗手体验屋"。

小宝在手上涂了让细菌显示的乳液后，把手放在了画面上，手上的细菌很快显示了出来。小宝看到自己手上附了那么多细菌，吓了一大跳。

"我们的手上粘着很多细菌。不洗手就揉眼睛或吃东西，细菌会进入体内，引起疾病。"

小宝按照"六步洗手法"洗完手之后，再次把手放在了画面上。就像变魔术一样，手上的细菌消失得一干二净，手变得干净了。

接下来小宝来到"健康购物体验屋"。

在各种各样的食物前面，摆着"农产品""水产品""畜产品""加工食品"等牌子。

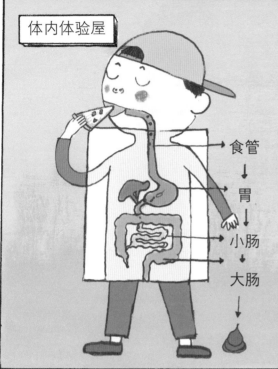

体内体验屋

食管
↓
胃
↓
小肠
↓
大肠
↓

洗手体验屋

啊，细菌！

健康购物体验屋

→ 高热量
低营养
食物

草莓牛奶　薯条

健康体验屋

呼呼

呼啦啦

=

一袋点心的热量消耗 = 运动2小时

"来，挑选你想吃的东西，装进篮子里。"

小宝一个劲儿往篮子里装自己喜欢吃的食物，方便面、热狗、汉堡、甜甜圈、煎饺、草莓牛奶、巧克力……

老师把小宝装在篮子里的食物放进了"高热量低营养识别机器"里。这种机器专门识别哪些是没什么营养却热量很高、对身体不好的食物。小宝挑选的食物大部分都是高热量低营养食物。

接着，老师给小宝穿上了一件让人感受"脂肪重量"的衣服。如果吃过多高热量食物，身体就会变得像这件衣服一样沉重。

在体验屋，小宝还了解到方便面里含有许多的钠，吃多了会使心脏变弱，让人喘不过气来；吃糖过多会导致蛀牙；草莓奶、草莓点心等食品里面都有对身体有害的色素。

小宝重新开始购物。这次他均衡地挑选了从地里出产的农产品、海洋里出产的水产品和牧场里出产的畜产品，全是健康食品。

最后，小宝来到"健康体验屋"。这里的食物都写着热量，以及消耗这些热量需要做多少运动。

"啊，吃一袋点心，要运动两个小时啊！怪不得零食吃多了会长胖。"

奇妙的体验结束了，老师带着小宝到了体验馆外面，对他说：

"小宝呀，果冻和年糕很容易卡在嗓子里，所以吃的时候要好好地嚼。小卖店卖的垃圾食品对身体有害，不要买来吃。点心、快餐，或者饮料、冰激凌一类凉的东西，吃多了会肚子疼的。"

"嗯，我知道了，谢谢您，老师……"

小宝带着满满的收获和妈妈一起离开了体验馆。

1 把手洗干净

从外面回到家或上完厕所、吃东西之前、摸宠物之后，一定要把手洗干净。

2 不要多吃甜食

吃糖过多对健康有害，也容易长蛀牙。不要吃太多的糖、巧克力、蛋糕、甜甜圈等甜食。

3 小心有毒的食物

把毒处理掉之后再吃

发芽的土豆和河豚有毒。不要吃发芽的土豆，河豚要把毒素处理掉之后才能吃。

4 水烧开了喝

咕嘟咕嘟

炎热的夏天容易滋生细菌，水要烧开了喝，食物要煮熟了吃，这样才能更安全。

5 不吃垃圾食品

⚠ 　　不吃垃圾食品。垃圾食品里有很多有害的色素，还有类似大肠杆菌的细菌，对身体不好。

6 避免过敏性食物

啊，痒痒痒！

⚠ 　　如果吃了东西后感到呼吸困难，或皮肤起了荨麻疹，要尽快去医院治疗。可能引起过敏症状的食物，以后就不要再吃了。

7 确认保质期

确认保质期

⚠ 　　购买食物前一定要确认保质期。过了保质期的食物，吃了可能会拉肚子的。

8 细嚼慢咽

啧 啧

⚠ 　　被果冻或年糕卡住喉咙而丧命的事故时有发生。果冻或年糕要细嚼慢咽。

13

9 不多吃冷饮

肚子疼！

不要吃过多的冷饮或快餐食品。

10 睡觉前不吃东西

临睡前不要吃东西。

儿童安全知识抢答

把下列做得对的孩子找出来。

1

抚摸宠物后马上洗手的孩子

2

常常买垃圾食品吃的孩子

3

小心发芽的土豆和河豚的孩子

六步洗手法

 洗手是维护健康的好习惯。
常常洗，正确洗，洗干净。

1 手心对着手心搓揉

2 手指对握搓揉

3 手背和手心交互搓揉

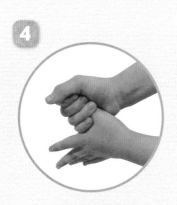

4 握住另一只手的大拇指
转动搓揉

5 手指相对交叉搓揉

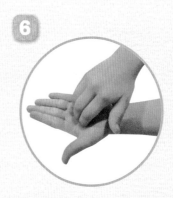

6 手指在另一只手的手心搓
揉至指甲下端变干净

吃货万宝

从前有位长寿道士的徒弟，叫万宝。万宝不管什么都爱吃，所以又被人们叫作"吃货万宝"。

"万宝，你这个家伙，把我储藏用来过冬的土豆都给吃

咕噜噜

了！哼，不好好学道术，每天就知道吃。罚你在岩石上打坐默想，反省错误！"

万宝哭丧着脸坐在石头上，心里却默默念叨着想吃的东西。

"年糕汤、松饼、煎饼……"

想着想着，肚子发出"咕噜噜"的声音。

"唉，不管了！"

万宝索性一头躺下去，四仰八叉地躺在石头上。

等他睁开眼，发现眼前是一个从未见过的世界。密密匝匝的高楼大厦，几乎都看不到天空了，每个人都穿着奇怪的衣服。

万宝就像着了魔似的，迷迷糊糊地进了一座巨大的房子里。

"好吃的烤牛排！请品尝一下！"

到处传来品尝一下的邀请。神奇的是，人们不用付钱就可以吃那些食物。

"哇，这里肯定是天堂！"

万宝跟着人们尽情地吃了个够。可能是吃得太多，突然肚子里咕嘟咕嘟的，浑身直冒冷汗。

哎哟喂，我的肚子呀！

"呃，请……请问厕所在哪儿？"

万宝捂着肚子问旁边路过的人。

"哈哈，厕所吗？从这儿一直走，就是洗手间了。"

万宝在那个叫作"洗手间"的地方痛痛快快地方便了。那里的布置和厕所不一样，一开始万宝还很慌张呢。

"啊，还有香喷喷的味道，看来这儿也有好吃的东西。"

万宝找到了几个散发食物香味儿的瓶子，正发愁先吃哪个呢。

"好吧，先从味道最香的这个开始尝！"

就在万宝打开瓶盖要喝的一刹那，一位叔叔一把握住那个瓶子，冲他喊道：

"你怎么能喝洗涤剂呢！"

"那……这个能吃吗？"

万宝指着其他的瓶子，叔叔带着不可思议的表情说：

"那是洗手用的液体肥皂呀！"

万宝挠着脑袋从洗手间出来了。方便之后肚子竟然又饿了，万宝开始到处找吃的。

"好吃的煎饺！请过来尝一尝！"

万宝狼吞虎咽地吃了一大盘煎饺。接着，卖煎饺的阿姨用

瓶子里装着的黄色的水对着锅喷了一下，又摆了一盘饺子上来。

"那个黄色的水是什么？什么味道？"

万宝对那瓶黄色的水充满好奇。趁阿姨煎饺子的时候，万宝偷偷把那瓶黄色的水一股脑儿倒进了嘴里。

"喂，那是油！"

"啊，怎么办？赶紧打120！"

万宝恶心得不得了，眼泪哗哗直流，在地板上直打滚儿。很快120急救车来了，医生把一个巨大的东西放进万宝嘴里，让他把所有吃下去的东西都吐了出来。

"这是药。每天三次，每次吃一袋。绝对不能一次都吃完！"

一定要每天吃三次！

说完护士把药袋递给了躺在床上的万宝。

"每天三次，每次一袋！我再也不乱吃东西了！"

万宝牢记了护士的话，疲惫地睡着了。

嗒！

"哎呀！"

好像被谁弹了一记脑门，万宝感觉额头火辣辣地疼，猛然睁开眼一看，长寿道士正瞪着自己看呢。看了看周围，只有深山，那个奇怪的世界已经无影无踪了。

"师傅，以后我再也不贪吃了！"万宝惭愧地说。

长寿道士笑眯眯地说："你悟出了这个道理就好，要管住自己的嘴！"

1 小心洗涤剂

绝对不要吃厨房或卫生间里的洗涤剂。卫生间的消毒剂毒性更大，连用手碰都不可以。

2 不要随便吃东西

不能因为肚子饿就随便吃厨房里的东西。吃之前一定要询问大人是否可以吃。

3 对症吃药

我感冒了！

生病的部位和症状不同，吃的药也是不一样的。不能乱吃药，一定要对症吃药。

4 按照规定的剂量吃药

现在有很多药像果冻或点心一样美味，如果因为好吃而吃多了，反而对身体有害。

1 误喝了化学制品

把喝进去的东西都吐出来。

2 被化学制品溅到

用流动的水冲洗15分钟以上。

3 闻到化学制品的味道

赶紧呼吸新鲜空气。

4 接受治疗

症状严重的话，马上去医院接受治疗。

儿童安全知识抢答

下列哪个不是吃药的正确方法?

① 只在需要的时候吃

② 按照规定的量吃

③ 吃得越多越好

④ 对症吃药

正确答案 ③

23

救救老虎大王

老虎大王今天又喝得醉醺醺的，它吧嗒吧嗒地抽着烟。这香烟哪，可是老狐狸和大野猪特意送给它的。

"咳咳咳！爸爸，烟味儿太熏人了。别抽烟了，带我去树林里散步吧。桔梗花开了，特别漂亮。"

小老虎一边咳嗽，一边央求爸爸。

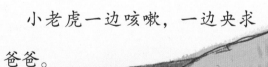

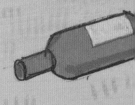

香烟

25

"你和老狐狸或者大野猪一起去吧，我累了。"

老虎大王踉踉跄跄地朝着床走过去，一头栽倒在床上。等老虎大王再次睁开眼睛的时候，看见山羊医生在旁边。

"为什么抽烟喝酒呢？因为大王您抽的烟，小老虎都生病了。香烟燃烧时的烟雾里含有4000多种化学物质，哪怕只是在旁边闻烟味儿都对身体有害。"

"都是老狐狸和大野猪干的好事！我要教训教训它们！"

老虎大王一骨碌爬起来，却因为四肢无力又倒在了床上。

"您现在身体太虚弱了，恐怕打不过它们。请您先戒了烟和酒，等恢复了健康之后，再好好收拾它们吧。"

老虎大王下定决心戒烟戒酒。

这当然不是一件容易的事。不抽烟的时候，它感觉脑袋疼，嗓子一阵阵发干。不喝酒的时候，它感觉手发抖，眼前老有虫子飞的幻影。但是老虎大王按照山羊医生说的方法，多喝水、多运动，过了一段时间，终于把烟和酒给戒了。

恢复了健康的老虎大王，把森林里的动物们召集在一起，举行摔跤比赛。

老狐狸和大野猪很高兴，因为只要在摔跤比赛中得到第一名，就能把老虎大王赶出森林，自己当森林之王。

老狐狸和大野猪挨个儿打败了其他动物，在最后一场老狐狸和大野猪的较量中，大野猪赢了。

"等会儿！"

老虎大王向大野猪下了挑战书。老虎大王一只手就把大野猪打倒在地，夺得了第一名，它把老狐狸和大野猪赶出了森林。

"爸爸，你太棒了！太帅了！"

小老虎爬到老虎大王的胳膊上，开心极了。老虎大王带着小老虎去树林里，尽情地玩耍。

1 不要抽烟（直接吸烟）

吸烟有害身体健康，而且年龄越小，烟对健康的危害越大，一旦成瘾就难以摆脱，因此不能碰香烟。

2 避开烟气（间接吸烟）

香烟里含有诱发癌症的焦油、尼古丁等，对身体有害。尽可能不要待在吸烟的人旁边，二手烟也是有害健康的。

3 了解酒的危害性

过度饮酒会令人精神昏迷，甚至失去意识，还会导致胃、肝脏等器官生病。

4 不要喝酒

绝对不要模仿大人喝酒。真正了不起的大人，是会保护自己身体健康、知道如何去爱人的。

为什么香烟和酒会让人中毒？

喝酒或者吸烟常常令人感到心情愉快，那是因为酒和烟里的成分能刺激我们身体的神经，使身体分泌能使情绪变好的多巴胺。人们为了再次感受这样的好心情，于是再次喝酒、抽烟。这样就逐渐地产生对酒精和香烟的依赖。

绝对不要为了享受一瞬间的开心，而开始抽烟喝酒。一旦酒精和香烟上瘾，就很难摆脱了。从酒和烟中得到的快乐是非常短暂的，由于烟和酒能引起癌症一类可怕的疾病，因此因烟酒而失去的东西反而更多。

儿童安全知识抢答

❶ 下列哪个孩子的想法是不对的？

① 艳艳：不应该到正在吸烟的大人旁边去
② 熙熙：即使变成了大人，也不应该抽烟
③ 秀秀：烟和酒都会令人中毒，因此不可以沾染
④ 贞贞：好想像电影里的主人公那样抽烟呀，好帅

❷ 选出下列错误的一个。

① 饮酒过多会导致肝癌、口腔癌、食道癌等疾病
② 香烟里含有大量诱发癌症的有害物质
③ 只要下定决心，任何时候都能轻易戒掉烟和酒
④ 烟和酒的毒性很强

校园安全

儿童安全百科

我会保护自己

（韩）李美贤 / 文
（韩）李孝实　李敏善 / 图
代　飞 / 译

化学工业出版社
·北京·

前言

　　每个孩子都是父母的天使！每个孩子的安全都会牵动父母、老师和身边所有熟悉的人的心！

　　小孩子都是天真无邪的，他们天性活泼好动，对世界充满好奇，也正因为如此，他们往往比成人更容易置身于危险的境地。比如，儿童医院每天都会收治大量在生活中意外受伤的孩子，新闻里也会时常听到有关儿童被伤害或被拐卖的消息。我们多么希望在全社会共同关注儿童安全的同时，孩子们自己也学会如何保护自己，就像爸爸、妈妈保护他们一样地保护自己！

　　怎样能让孩子们认识到在家里、在学校、在游乐场、在户外等各种场合可能存在的危险，学会保护自己的方法呢？通过孩子们喜爱的童话故事来渗透这种意识，无疑是最好的途径。

　　本丛书编写了25个童话故事，涉及生活中的安全、交通安全、预防失踪和拐卖、防止性侵和虐待、食品药品安全、发生灾害时的安全等6个与日常生活密切相关的安全领域。故事里的主人公在不同的场合经历了各种各样的险情，

但是在正确方法的指引下，他们避开了危险，转危为安！相信孩子们读着故事，会不由自主地和自己的经历做比较，会思考"如果我在这种情况下会怎么做？"这种潜移默化的渗透显然好过说教。

每个故事的后面，还有一些图文并茂、简单易懂的"安全规则"，会帮助孩子们梳理故事中的知识点。紧张刺激的"儿童安全知识抢答"更是让孩子们在玩挑战游戏的过程中进一步加深印象，帮助他们树立安全意识，养成良好的安全习惯。即使遇到危险，他们也能从容应对！

希望每个孩子都认识到鲜花很美，但是可能有扎手的刺，不能摘；希望每个孩子都能平平安安、健康快乐地成长！

目 录

找不到妈妈了

一天，我和妈妈一起来到游乐场。我先坐了转呀转的旋转木马，然后开心地坐了观光车、碰碰车、海盗船和摩天轮。

刚想休息一会儿，却听到轻快的音乐响起，原来是巡游开始了。为了能站在前面看，我从围观人群的缝隙中挤了进去。

可是，当巡游结束后，我向周围一看，妈妈不见了。

"啊，妈妈！"

游乐场突然变得像鬼屋似的，我开始感到害怕了。就在这个时候，我听到有人问我：

"小朋友，你看到我的孩子了吗？"

原来是鸵鸟妈妈，她气喘吁吁地问道。

"没有，没看到。"

"哎，我应该早点告诉小鸵鸟的，找不到妈妈的时候应该在原地等待，这样才不会互相走岔！"

鸵鸟妈妈留下这句话，就又急匆匆地去找小鸵鸟了。

我决定照鸵鸟妈妈说的做，在原地等着妈妈。过了一会儿，獾妈妈也气喘吁吁地跑了过来。

"小朋友，你看到我的宝宝了吗？"

"没看到啊。"

"哎呀，可千万不能跟陌生人走啊！"

獾妈妈也离开我继续去找它的宝宝了。

一会儿，一位阿姨走了过来。

"小朋友，你找不着妈妈了吧？我带你去找妈妈吧。"

"谢谢，不用了。我要在这里等妈妈。"

阿姨前脚刚走，马上又来了一个叔叔，他对我说：

"你妈妈让我来接你。和叔叔一起走吧。"

妈妈没道理让一个我不认识的叔叔来接我呀！

"让我给妈妈打个电话！"

叔叔干咳了一声，转身走掉了。

我继续等待妈妈。这时鹦鹉妈妈飞了过来。

"小朋友，你看到我的孩子小鹦鹉了吗？"

"没看到。"

"它要是去服务台或找服务人员就好了。哎哟，急死人了！"

听了鹦鹉妈妈的话，我就去卖冰激凌的姐姐那里，告诉她我找不到妈妈了，请她帮助我。

"别担心，我带你去服务台，马上就能见到妈妈了。"

姐姐一边安慰我，一边把我带到了服务台。

"美美小朋友的家长请注意……"

广播一喊，不一会儿妈妈就慌慌张张地跑了过来。

"妈妈！"

我飞奔过去，扑进了妈妈的怀里。出来的时候，我紧紧抓着妈妈的手，因为我再也不想找不到妈妈了。

幸运的小鸵鸟、小獾和小鹦鹉也都找到了各自的妈妈。

和妈妈在一起真是太好了！

1 在原地等待

如果不小心走失了，应该待在原地等待。跑来跑去找爸爸妈妈，反而可能和爸爸妈妈走岔了。

2 记住爸爸妈妈的联系方式

> 妈妈的电话是
> ……
> 我家住在……

为防止万一走丢而做准备，最好平时就记住爸爸妈妈的手机号或家里的电话号码、地址等。

3 请求工作人员的帮助

> 请帮我给妈妈打个电话。

不要向路过的陌生人请求帮助，尽可能找在那里的工作人员，向他们请求帮助。

4 去走失儿童招领处

走失儿童招领处

找到走失儿童招领处或服务台，向工作人员请求帮助。

5 不要跟陌生人走

我带你去找妈妈!

如果有人说要带你去找爸爸妈妈,不要跟他走。哪怕是曾经见过的人,可以让他给爸爸妈妈打个电话,确认是不是可以跟他走。

6 大声喊叫

救命啊!

如果陌生人强行拉着你走,要大声喊叫"放开我""救命啊""不好啦",周围的大人听见了就会来帮助你的。

儿童安全知识抢答

1 下列哪个不是走丢时的正确行为?

① 在原地等待。
② 去找服务台。
③ 遇到见过的人,就跟着走。
④ 如果有人要强行带走自己,就大声呼救,请求帮助。

2 试着把爸爸妈妈的手机号写出来。

正确答案 **1** ③ **2** 写下自己父母的电话号码

小兔被拐事件

　　住在树林里的小兔什么事都跟别人对着干：让它往右，它偏要往左；让它慢慢走，它偏要跑；让它安静点儿，它偏要吵闹不停。

　　有一天，传来了大灰狼要抓兔子的消息。

　　"小兔肯定会和我说的反着去做的，所以我应该反着告诉它。"

　　妈妈一一地对小兔说：

　　"孩子呀，如果第一次见到的陌生人让你和他一起走，你就乖乖跟他走吧。"

　　"如果大人让你帮忙，你一定要帮他啊！"

"僻静的公园或建筑物后面、公共卫生间那些动物们很少去的地方，自己一个人去也不错呀。"

"可以随便坐陌生人的车。"

"如果有人强行把你带走，不要喊'我不去''不行''救命啊'。"

果然，小兔按妈妈说的话反着去做。僻静的公园、建筑物后面、公共卫生间，它连去都不去。

然而没有料到的是，在游乐场里它碰见了大灰狼。

"孩子，你长得真好看。我给你买糖吃，跟我来吧！"

"我不去。糖你留着喂蚂蚁吧。"

"小朋友！我的腿受了伤，你能把我送回家去吗？"

"你拜托其他的大人吧！"

你拜托其他的大人吧！

大灰狼气得浑身发抖。

"刚才有人联系我说你妈妈受伤了。快上车，我送你去医院。"

"哼，我不去。请转告我妈妈，等她

好了回家见吧。"

　　大灰狼一看这些招数都不灵，再也不想浪费时间了，于是抓起小兔的两只耳朵，就把它拎上了车。

　　"可能是因为不听妈妈的话，所以大灰狼才把我抓了起来。现在我要按照妈妈的话去做了。妈妈不是说不要喊叫求救吗？那我就安安静静地待着。"

　　　　　　大灰狼带着小兔以最快的速度向自己家开去。小兔吓得吧嗒吧嗒直掉眼泪。

就在这时，跟着小兔上了车的小蝴蝶悄悄地在它耳边说：

"不要大声哭叫。在大人们找到你之前老老实实地待着，找机会逃跑。"

小兔按照小蝴蝶的话去做。它现在吓得连想都不敢想要对着干的事情了。

"不可以盯着它看。如果它问你是不是记住了它的脸，就回答说没记住。"

小蝴蝶将需要注意的事一一告诉了小兔，然后咬着从小兔衣服上取下的一颗纽扣，从大灰狼家里跑了出来。

小兔到了晚上还没有回家。爸爸妈妈把该找的地方都找了一遍，仍不见小兔的踪影，于是报了警。爸爸妈妈和鹿警察叔叔一起到树林里找小兔。

小蝴蝶飞到小兔的爸爸妈妈身边，把扣子递给它们看。

爸爸妈妈一眼就认出了小兔衣服上的扣子，于是和鹿警察叔叔，还有小区里的其他人一起，闯进了大灰狼的家，把小兔救了出来。

鹿警察叔叔给大灰狼戴上手铐，把它带到了警察局。

小兔呜咽着下定了决心：

"以后我要好好听妈妈的话。要在偏僻的地方玩，无条件帮助求助的动物，陌生人让我跟它走，我就乖乖地跟着走。"

听了小兔的话，妈妈不由地倒吸了一口凉气。

"哎呀，不是那样的啊。妈妈因为你总是对着干，所以故意说的反话啊。不要在偏僻的地方玩，也绝对不能跟陌生人走。假如像今天这样被人带走的时候，应该大声呼叫求助的！"

"啊？我以为是因为没听妈妈的话才被抓起来的，所以那时我就决定按照妈妈说的做，没有喊叫！呵呵。"

妈妈紧紧搂着小兔，说道：

"现在你不再和妈妈说的对着干了吧？"

小兔不好意思地笑了。

1 不要跟陌生人走

哪怕他说要给你买好吃的，或者给你你想要的东西，也不能跟陌生人走。

2 拒绝帮忙

你可以帮叔叔一个忙吗？

请拜托其他的大人吧。

一般人不会向一个孩子请求帮助。如果陌生人请你帮忙，就让他去拜托其他的大人吧。

3 不要自己单独活动

不要自己一个人去公共卫生间、施工中的建筑、偏僻的地方等。要走人多的路。

4 即使是认识的人也要小心

即使是认识的人，也不可以跟着走。要给妈妈打个电话，确认是不是可以跟着他走。

5 大声呼叫求助

陌生人想强行带走你的时候，要大声喊："'我不去''不行''救命啊'。"

6 不坐陌生人的车

哪怕陌生人对你说爸爸妈妈受伤了，让你赶紧上车，也绝对不能上车。

7 知道可以求助的场所

提前知道那些情况危急时，可以跑去求助的文具店、药房、超市、邻居家等。

儿童安全知识抢答

当有可疑的人跟着你的时候，下列哪个是不能去的地方？

① 警察局
② 学校前面的文具店
③ 家门前的药店
④ 公共卫生间

④ 间生卫共公

勇敢地说不愿意

小宇和小美是双胞胎。

"啊……阿嚏！"

星期六的下午，小宇和小美正在看电视。突然，小宇打了个喷嚏。

"哎，口水都喷出来了！好脏呀。"

小美一边擦着脸，一边"啪啪"地拍小宇的背。

"我又不是故意的！"

一肚子鬼心眼的小宇使劲拽了一下小美的头发，然后逃跑了。

生气的小美去追小宇，一把揪住了他的裤子。结果裤子掉了，小宇的裤衩和屁股露了出来。

小宇也不甘示弱，他反过来追上小美，掀起了她的裙子。

"你们俩都住手！"

刚刚在刷碗的妈妈出现了，大声训斥着小宇和小美。一场混战这才结束。

"孩子们，看来妈妈要给你们俩讲讲我们的身体了。"

妈妈把小宇和小美领到桌旁。

"男人和女人的身体长得是不一样的。那是因为激素，女人产生女性激素，男人产生男性激素。之所以产生不同的激素，是为了长大后能生育孩子。"

"我是男孩子，我长大了会像爸爸那样身体上长很多毛吗？"小宇一脸好奇地问道。

"当然。不仅隐私部位和胳肢窝上长毛，下巴上还会长胡子。你像爸爸，说不定腿上也会长很多毛。"

"那么我会像妈妈那样乳房变大吗？"小美问道。

"当然了。男人的身体里有孩子的种子，女人的身体里有孩子住的地方，它们分别藏在身体的隐私部位和肚子里。穿内衣就是为了保护隐私部位，平时要穿干净的内衣，而且不可以

把隐私部位给别人看或者摸。像刚才那样拽裤子或掀裙子的恶作剧，再也不要做了。知道了吗？"

妈妈郑重地对小宇和小美说。

"知道了！但是，妈妈，有件事我想知道。上次舅舅来的时候，虽然我很感谢他给我买了礼物，但是我不喜欢他亲我。舅舅说因为喜欢我才亲我的，但是我可以说不愿意吗？"

"当然了！实话实说的话，舅舅会觉得'我们小美长大了'。能够区分自己身体感受到的喜欢的感觉和不喜欢的感觉，并且把它说出来，这非常重要。不喜欢的时候，就应该大胆地说不喜欢。"

"好的！我知道了，妈妈，以后我不和小宇打闹了，感觉不喜欢的时候就清楚地说出来。"

这时小宇把旁边的小狗抱了起来，小狗挣扎着汪汪直叫。

"妈妈，看来小狗也不喜欢我摸它！"

妈妈和小美看到他那天真的样子，哈哈地笑了起来。

23

1 了解男人、女人的身体差异

> 你是男生，我是女生。我们的身体是不一样的，应该好好珍惜。

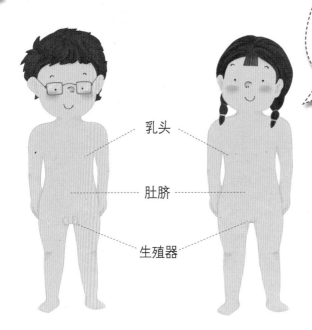

乳头

肚脐

生殖器

⚠ 从出生的那一刻起，男人和女人的身体就是不同的。生长过程中出现第二性征的时候，区别会变得更加明显。

2 不要随便抚摸

> 哎呀，不能随便摸！

⚠ 我们身体的隐私部位不能随便抚摸。当然也不能给别人看或让别人摸。

3 不要嬉闹

啊！

⚠ 不要做掀裙子、扒裤子、戳屁股等恶作剧，也不要随便戏弄伙伴的身体。

4 知道喜欢的感觉和不喜欢的感觉

和爸爸妈妈拥抱的时候，感觉真好啊。如果被不认识的人抱、摸或亲的时候，当然感到不喜欢。

5 说出不愿意

不要！别摸我！

清楚地说出自己的感觉，这是很重要的。担心自己没礼貌或怕吃亏，而忍受不喜欢的感觉，这是不好的。

儿童安全知识抢答

❶ 我们身体上不能让别人看或者触摸的地方有哪些？请选选看。

①胸部　　②生殖器官　　③腿　　④屁股

❷ 感到不喜欢的时候应该说什么？

①谢谢
②不愿意
③对不起
④我爱你

美美的秘密

我是美美的秘密日记本。

美美把不愿意让别人知道的秘密，都写在我这里了。

美美找到我，是从喜欢同桌赞赞的时候开始的。为了给赞赞买生日礼物而攒零花钱，给喜欢的偶像歌手写信，这些都是只有我才知道的秘密。

就在几天前，美美记下了一个惊人的秘密。秘密告诉我之后，美美吃不好饭，很容易受到惊吓，还常常发脾

5月 10日 星期三

发生的时间

气。我盼望能有人快快知道美美的秘密。

有一天，美美的妈妈找到了我。

她是感觉到美美哪里不对劲了吗？美美的妈妈把我从头到尾仔细地读了一遍，然后露出了非常惊讶的表情。

标题：去丹丹家玩的那天

去丹丹家玩了。中学生大哥哥自己在家。大哥哥说丹丹很快就回家了，让我进去等。大哥哥说要教我一个游戏，让我看电脑上奇怪的东西，还把手放进了我的内裤里。

大哥哥说如果告诉别人就不会放过我。我好害怕。好像是我的错。我怕妈妈会骂我，所以不敢说。

　　美美从学校一回到家，妈妈就把日记拿给美美看，并且把美美搂进怀里，说：

　　"美美，为什么不早点告诉妈妈呢？"

　　"怕你骂我……而且大哥哥说如果我告诉别人，他不会放过我，所以我害怕。"

　　说完美美放声大哭。

　　"不是你的错。是对你做坏事的那个哥哥的错。"

　　"真的不是我的错吗，妈妈？"

　　"当然了。"

妈妈搂着美美，轻轻拍着她的后背。

"有些秘密无论多害怕都一定要说出来。只有你勇敢地说出来，别人才能帮助你，才能阻止那个哥哥继续做坏事。"

美美的爸爸妈妈带着她去了丹丹家，把大哥哥的事如实地告诉了丹丹的爸爸妈妈。对美美做坏事的哥哥被狠狠教训了一顿，他向美美认错并道了歉。看到那个原来很凶的哥哥在大人面前哭泣的样子，美美再也不害怕他了。

丹丹的哥哥承认自己由于好奇看了黄色视频，于是就对美美做了坏事。他发誓以后再也不看那些不健康的东西了。

美美决定以后再也不隐藏坏的秘密，只珍藏那些美好的秘密，并和妈妈做了约定。

1 明白自己身体的宝贵

宝贵的　身体

知道自己的身体很宝贵，并且努力保护好自己的身体。

2 不要独自去朋友家玩

独自一人　✕　朋友家

不要自己一个人去朋友家玩。坏人很容易接近并侵犯独自走路的孩子。

3 大声喊叫呼救

救命啊！

有人给你看奇怪的图画或视频的时候，或者脱了衣服让你看或触摸的时候，要大声喊叫"不要""不行""救命啊"等。

4 即使是认识的人，也不跟他走

不能因为觉得面熟或认识就放松警惕，因为性侵犯案件更多的是发生在认识的人当中。

1 不要隐瞒

即使害怕，也一定要告诉父母或者老师。

2 记在日记上

日记本

认真地写在日记本上，以免忘记。

3 画出来

如果很难写出来，就用图画把它画出来。

4 接受学校或专门机构的帮助

向日葵儿童中心

儿童安全知识抢答

遇到性骚扰或性暴力时，不可以采取的行动是什么？

① 作为自己的秘密隐瞒

② 在日记里详细地记录下来

③ 告诉父母

④ 联系儿童保护机构

① 案答静工

青蛙的苦恼

"小青蛙！赶紧起床，上学要迟到了。"

小青蛙其实醒了，但就是不想起床，因为它讨厌去学校。

"妈妈，我肚子疼。"

妈妈摸了摸小青蛙的肚子，又把手放在它的额头上试了试。

"妈妈看你好像没事啊！我们去趟医院然后上学？"妈妈好像看出来小青蛙在装病。

小青蛙没办法了，只好乖乖起床上学去了。

小青蛙不愿去学校是因为癞蛤蟆。不久前转学来的癞蛤蟆常常欺负小青蛙，不是故意绊倒它，就是把它的东西藏起来或扔掉。

并且癞蛤蟆还威胁别的小伙伴：

"谁敢和小青蛙一起玩，我就对它不客气！"

小伙伴们被癞蛤蟆这么一吓唬，也都装作不认识小青蛙了。小青蛙怕说出来让爸爸妈妈担心，只好自己闷在心里。

有一天，在回家的路上，小青蛙发现牛蛙大哥们把癞蛤蟆拖到了一个僻静的巷子里。

"喂，赶紧把你值钱的东西都交出来！哇，还有金表啊！"

"不行。这是爸爸妈妈给我的生日礼物。"

癞蛤蟆刚要抵抗，牛蛙大哥们就把癞蛤蟆一顿揍。

"哼，真是活该！让你也尝尝被欺负的滋味儿！"

小青蛙幸灾乐祸地看着癞蛤蟆挨揍的样子，便悄悄走开了。

为什么这样对我？

可是没走几步，小青蛙就开始担心癞蛤蟆了。

"如果现在不救它，癞蛤蟆说不定会伤得很严重……"

想到这里，小青蛙拨打了110。警察叔叔们立即出动，把牛蛙大哥们抓走了。

"要不是小青蛙举报，差点儿就出大事了。如果独自一人在僻静的巷子或建筑物楼顶、公共卫生间、施工中的建筑，这些人们不常去的地方，会有危险的。以后要和朋友们一起走。"警察叔叔这样对癞蛤蟆说。

癞蛤蟆听说是小青蛙帮助了自己，非常吃惊。

"谢谢你！我以前常欺负你，对不起。其实转学来这儿之前，我也常常受欺负。我想要是表现得厉害点儿，可能就不会受欺负了，所以才故意欺负你。以后我再也不那样了。"

小青蛙觉得帮助癞蛤蟆是帮对了。

回到了家，妈妈很担心地看着小青蛙。

"我今天在路上遇到了你们班的同学，它们说癞蛤蟆经常欺负你。为什么不把真实情况告诉妈妈呢？"

"癞蛤蟆已经向我道歉了，还说以后要和我好好相处，再也不欺负我了。"

小青蛙把今天发生的事情，都告诉了妈妈。

"幸好没事。以后要是再发生那样的事，一定要告诉妈妈。因为害怕而忍着不说，可能会被欺负得更厉害的。"

说完，妈妈把小青蛙紧紧地搂在怀里。

1 不要自己行动

不要独自一人去偏僻的巷子、建筑物屋顶、公共卫生间等人少的地方。可能会受到坏人的欺负。

2 不要携带贵重物品

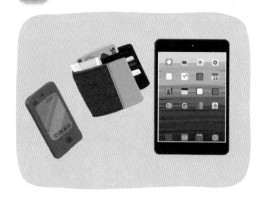

不要随身携带贵重物品或过多现金，会引起坏人的注意，遭遇抢劫。

3 明确说不愿意

不行！

无论多么亲密的朋友，如果玩闹得很过分的话，也要断然拒绝。如果朋友的行为让你感到不舒服，要大胆地说出自己的想法。

4 告诉大人

不要隐瞒被孤立或者遭遇校园暴力的情况。那样会导致更严重的受欺负，增加更多的痛苦。一定要告诉父母，得到他们的帮助。

5 帮助受欺负的伙伴

老师，癞蛤蟆被孤立了！

?!

如果班里有被孤立或遭遇校园暴力的小伙伴，不要装作不知道，尽快告诉周围的大人去帮助他。

6 打电话举报校园暴力

110

喂，我要举报校园暴力。

如果欺负人的同学能自己醒悟，停止欺负的行为是最好的。但是如果欺负得越来越严重的话，拨打110报警也是一种办法。

儿童安全知识抢答

❶ 下列哪个孩子的想法是不对的？

① 小明：有个同学欺负我，我就把这事儿告诉妈妈了。

② 小雅：不能带贵重的东西或很多钱。

③ 小敏：虽然我知道班里有个同学被孤立了，可是不关我的事，所以我就装作不知道。

④ 小宇：有个同学说是闹着玩，但总是欺负我，我清楚地告诉他不可以了。

❷ 举报校园暴力应该拨打哪个电话号码？　无区号 ☐

正确答案 ❶ ③ ❷ 110

关爱生命

儿童安全百科

我会保护自己

（韩）李美贤 / 文
（韩）李孝实　李敏善 / 图
代　飞 / 译

化学工业出版社

·北京·

前言

　　每个孩子都是父母的天使！每个孩子的安全都会牵动父母、老师和身边所有熟悉的人的心！

　　小孩子都是天真无邪的，他们天性活泼好动，对世界充满好奇，也正因为如此，他们往往比成人更容易置身于危险的境地。比如，儿童医院每天都会收治大量在生活中意外受伤的孩子，新闻里也会时常听到有关儿童被伤害或被拐卖的消息。我们多么希望在全社会共同关注儿童安全的同时，孩子们自己也学会如何保护自己，就像爸爸、妈妈保护他们一样地保护自己！

　　怎样能让孩子们认识到在家里、在学校、在游乐场、在户外等各种场合可能存在的危险，学会保护自己的方法呢？通过孩子们喜爱的童话故事来渗透这种意识，无疑是最好的途径。

　　本丛书编写了25个童话故事，涉及生活中的安全、交通安全、预防失踪和拐卖、防止性侵和虐待、食品药品安全、发生灾害时的安全等6个与日常生活密切相关的安全领域。故事里的主人公在不同的场合经历了各种各样的险情，

但是在正确方法的指引下，他们避开了危险，转危为安！相信孩子们读着故事，会不由自主地和自己的经历做比较，会思考"如果我在这种情况下会怎么做？"这种潜移默化的渗透显然好过说教。

每个故事的后面，还有一些图文并茂、简单易懂的"安全规则"，会帮助孩子们梳理故事中的知识点。紧张刺激的"儿童安全知识抢答"更是让孩子们在玩挑战游戏的过程中进一步加深印象，帮助他们树立安全意识，养成良好的安全习惯。即使遇到危险，他们也能从容应对！

希望每个孩子都认识到鲜花很美，但是可能有扎手的刺，不能摘；希望每个孩子都能平平安安、健康快乐地成长！

目录

呼哧呼哧侦探社

呼哧呼哧侦探社有两名侦探，当然就是呼呼和哧哧啦。

呼呼侦探一边呼哧呼哧地跑进侦探社，一边说：

"哧哧，听说下边村子尖尖屋顶家着火了！"

"那家的主人是今天案子的委托人呢，我们赶紧去看看吧。"

呼呼侦探和哧哧侦探俩人呼哧呼哧地跑去了尖尖屋顶家。那家的主人老高委托他们寻找在火灾现场丢失的宝物箱子。

"宝物箱原来放在哪里呢？"

"放在客厅里。"

"着火的时候，家里除了你自己，还有谁？"

"谁也没有。当时我正在里屋睡觉，被噼噼啪啪的声音吵醒了，听到外面有人喊'着火啦！'，我才知道着火了。"

"所以你立刻冲出了门外，是吗？"

"不是啊。我摸了下房门的把手，门把手很烫，所以我没法打开门。"

救命啊！

着火啦！

救命啊！

119吗？
这里着火了！

7

"确实如此。然后呢？"

"我用手帕捂住了鼻子和嘴，用毯子把身体裹了起来，然后弯着腰，跑到阳台上去了。"

"你打算从阳台上跳下去吗？"

"不是啊。我朝阳台外面大声呼救，还向阳台外扔东西。我是想让人知道我在里面。"

"然后怎么样了？"

"消防员把我给救了出来，还灭了火。"

"哦，真是万幸啊！"

"是。但是后来收拾家的时候，我发现宝物箱不见了。别的东西都在，只有宝物箱……"

"老高，你没说实话！"

"你刚刚说家里除了你之外没有别人，但是还有一个，就是猫咪。我发现阳台上有猫窝，客厅也有烧焦的猫粮，你的房门上还有被锋利的趾甲挠过的痕迹，那应该也是猫咪留下的。"

"是有一只猫丢了，离开家一直都没回来。"

"嗯，一定是猫咪发现着火了，想要叫醒主人，所以拼命挠门。咱们去阳台瞧瞧猫窝怎么样？"

呼呼、哧哧和老高一起往猫窝里看了看，老高立刻喊了起来：

"啊，在这儿！宝物箱在这儿呢！"

老高激动得一把抱住了宝物箱。

"阳台上的火势比较小，猫咪把宝物箱藏在了阳台上自己的窝里，还浸湿了毛巾盖在上面。真是太聪明啦！"

"我的猫跑哪儿去了？你们能帮我找到我的猫吗？"

哧哧侦探笑着说：

"好像没有这个必要啦，你看，它不是正朝这边来了吗？"

老高的猫领着一个小伙伴，正朝屋顶的窗户走来呢。

9

1 请求帮助

着火啦!

救命啊!

大声呼喊"着火啦!"并拨打119报警。如果很难逃到门外,就从窗户向外挥动胳膊、大声呼救。

2 试着摸门把手

试着摸摸门把手,如果烫手的话千万不要开门。如果这时把门打开,火苗可能会一瞬间蔓延到全屋。

3 裹上毯子

骨碌骨碌

把毯子或厚衣物裹在身上,用浸湿的毛巾捂住鼻子和嘴,然后尽可能地低下身子贴着地面跑出去。如果身上着了火,就用两手护着脸,在地上来回翻滚,把火熄灭。

火灾是什么?

火灾是指着火所造成的灾害。打火机、火柴或烟头可能引起火灾,做饭的燃气或电器短路也有可能引起火灾。所以在使用火、燃气和家用电器时,应当特别注意。

灭火器的使用方法

1 拔掉安全栓

小火用灭火器就能熄灭。
举起灭火器，
沉着地拔掉安全栓。

2 朝着火焰喷灭火剂

喷筒朝向火焰，
全力握紧上下把手，
然后朝着火苗的方向喷射灭火器药剂。

儿童安全知识抢答

❶ 下列哪个不是发生火灾时的正确行为？

① 危急时从窗户跳下去

② 如果门把手摸起来烫手，就不打开门

③ 不乘电梯，走楼梯撤离

④ 把厚毯子裹在身体上，用浸湿的毛巾捂住鼻子和嘴，然后压低身体逃出去

❷ 发生火灾时应该拨打什么号码报警？

没有区号 [   ]

正确答案 ❶ ① ❷ 119

度假胜地历险记

呼哧呼哧侦探社的呼呼侦探和哧哧侦探开心地坐上飞机去休假了。

他们在宾馆里享受着温泉，在度假村品尝着美味料理，正当他们沉浸在悠闲假期中的时候，突然，地面轰隆隆地晃动起来。

"呼呼侦探，这是怎么回事儿？"

"哧哧侦探，地面摇晃就是……"

两个人几乎同时从座位上弹了起来，喊道：

"地震啦！"

哧哧侦探刚要往门口跑，就被呼呼侦探拦住了。

"现在往外跑会有危险。地面晃动的时候，躲在桌子下面比较安全。"

"我不是要跑出去，我是要把门打开。一会儿门要是变形打不开了可怎么办？"

"啊，真是的，我还真忘了。你去把门打开，我去把煤气阀门和自来水龙头关上，电源插头也要拔下来。"

呼呼侦探和哧哧侦探分头忙完了这些事以后，以最快的速度钻到了桌子下面。

"呼呼侦探，我们好像不该来度假。"

"哧哧侦探，刚刚我也这样想来着。"

地震刚结束，楼里就发生了火灾，广播里通知撤离。呼呼侦探和哧哧侦探跑到走廊上，正赶上其他人也一窝蜂地拥过来。

"喂！不可以坐电梯的！"

呼呼侦探和哧哧侦探冲着准备坐电梯的人们大声呼喊。

"这个时候坐电梯，有可能会被关在电梯里出不来。还是走楼梯下去吧！"

还好，听了呼呼侦控和哧哧侦探的话，本来打算坐电梯的人，也都朝着楼梯走去。

跑到了大楼外面，呼呼侦探和哧哧侦探继续对人们喊道：

"不要靠近围墙和电线杆！"

"离房子远一点儿。玻璃窗或招牌有可能会掉下来。"

"到不会有东西掉下来或倒塌的空旷地带去！"

人们远远地站定之后，看着房屋倒塌、大楼里着火的情景，都庆幸自己安全逃了出来。

地震刚刚停止，呼呼侦探和哧哧侦探就迫不及待地收拾好行李，坐飞机回去了。

在侦探社里，他俩用一个巨大的泳圈做了个泳池，挂起了吊床，播放着海浪的录音，度过了剩余的假期。

"还是侦探社里最好呀！"

呼呼侦探和哧哧侦探互望着对方，会意地笑了。

呼啦啦

15

1 把门打开

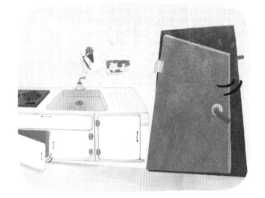

发生地震的时候，最好先把门打开。因为大地震中门会发生歪斜，等到想往外跑的时候，说不定门已经打不开了。

2 预防火灾

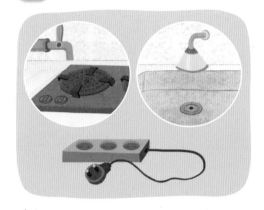

关闭煤气阀门和水龙头，拔掉电源线插头。防止在余震中发生火灾。

3 躲在坚固结实的桌子下面

用软垫或包护着头，以免掉下来的东西砸伤脑袋，然后躲在书桌或餐桌下面。

4 穿上鞋

穿上鞋！

发生地震的时候，在家里也要把鞋子穿好。地震时会有很多东西掉落，光着脚可能会扎伤脚。

5 紧贴着出入口的墙壁

混凝土建筑中，出入口所在的墙壁是最结实的，所以，身体紧贴着出入口的墙壁站着，是安全的。

6 走楼梯

往楼外面跑的时候，不要坐电梯，要走楼梯。如果电梯突然停了，就无法跑出去了。

7 远离建筑物

往建筑物外面跑的时候，用坐垫或包保护头部，并尽可能地远离建筑物，因为建筑物上的玻璃窗或招牌等，可能会掉下来。

8 避开围墙

围墙看起来很结实，但事实上发生地震时很容易倒塌。地震时应尽可能避开围墙。

9 避开自动售货机

自动售货机不是固定在地面上的，发生地震时可能会倾倒，所以最好不要待在自动售货机旁边。

10 避开电线杆

不要靠近电线或电线杆。万一电线断了落在地上的话，很容易触电。

11 去空旷的地方避难

发生地震时，最安全的场所是空地，比如公园、运动场这种四周没有高层建筑物的地方。

12 去汽车外躲避

发生地震的时候，汽车的轮胎处于爆胎般的状态，很难行驶。把车停靠在道路右侧，然后迅速去车外躲避。

地震是什么?

　　地震是指地下巨大的岩石突然间断裂、错开引起地面振动的现象。地震发生时,地面持续振动一段时间后停止,然后又反复出现这种情况。振动得厉害的时候,地面会裂开,或发生建筑物倒塌。环太平洋地震带上方的日本,以地震多发而著名。特别是2011年发生的9.0级大地震,引发海啸,使超过1万人丧命,并发生了核电站停止运转、核辐射泄漏等一系列重大事故。

儿童安全知识抢答

　　请找到下列情况发生时正确的躲避要领,并用线连起来。

①　在家的时候　　　　　　　　　　A. 用衣服或包保护头部,并到
　　发生了地震　·　　　　　·　　　　四面开阔的空地或运动场躲避

②　在外面的时候　　　　　　　　　B. 用软垫子等保护头部,在结
　　发生了地震　·　　　　　·　　　　实的桌子底下躲避

正确答案 ①—B ②—A

狂风暴雨之夜

深夜里，呼哧呼哧侦探社仍然在忙碌，因为台风要来了。

“呼呼侦探，最好把自行车搬到屋子里。”

“知道了。哧哧侦探你把煤气关了，电源插头也拔掉。”

不一会儿，大风就开始“哐哐”地拍打着窗户。

“风越来越大了。这样不行啊，说不定玻璃会被刮碎的，我们得给窗户贴上胶带。”

“好，我来贴湿报纸。”

呼呼侦探在窗户上把胶带贴成X形，哧哧侦探则负责贴湿报纸。

“现在稍微放心些了。咱们听听天气预报吧？”

一打开电视，新闻里就出现了屋顶被风刮飞、大树和塑料棚被刮倒的画面。

　　"好可怕的台风啊。这时在外面迷路可得小心了，千万别被天上掉下来的东西砸到。"

　　"这样的天气，最好待在家里别出来，或者尽快进房子里躲避。"

电视里还播出了游客被台风困在山里、水边的游客由于水势上涨而遇险的新闻。

"哎呀，台风来的时候，山里或者水边更加危险啊！"

"是啊，希望他们平安获救啊。"

夜越来越深，风雨也越来越猛烈，"轰隆隆，哐！"开始打雷闪电了。呼呼侦探和哧哧侦探都缩成一团，原来他俩都十分害怕打雷闪电。

"呼呼侦探，打雷闪电的时候你到外面去过吗？

"自从我看过在大树底下被闪电击中的人之后，就再也不出去了。"

　　"我也是，自从我看到在电线杆下面被闪电击中的人之后，就再也不敢在打雷的时候出门了。"

　　"打雷闪电的时候，不要打伞，手上也不能拿着金属制品。应该尽快去地势低的地方躲避。"

　　"呼呼侦探，你有没有读过《暴风雨之夜》这本书？"

　　"当然。你读过《暴风中心》吗？"

　　"读过啊。那《向着暴风中心》呢？"

　　"当然读过。"

　　每提到一次"暴风"，呼呼侦探和哧哧侦探就相互靠得更近一些。聊着聊着，两个人不知不觉地进入了梦乡。

1 在家里的准备

不要出门，待在家里密切关注灾害报道。另外，在窗户上贴上报纸或胶带，这样即使玻璃碎了，碎片也不会迸开。

2 把物品搬进去

关闭水龙头和煤气阀门，拔掉电源线插头。有可能会被风刮跑的东西，要事先搬进屋内放置妥当。

3 当水势上涨的时候

救命

如果家里被水淹或进水了，要尽快跑到屋顶或高楼层上，等待救援。汽车车轮有一半被水淹没的时候，就要迅速下车躲避。

4 在山里或水边的时候

刮台风的时候，如果正好在山里或水边，应当立刻离开那里。因为可能会发生山体滑坡或泥石流，或因水位急剧上涨而被洪水冲走。

5 打雷闪电的时候

打雷闪电的时候，不可以打伞，或是触碰铁制品，避开大树、电线杆、路灯及红绿灯等，到建筑物里面或汽车内、地势低洼处等躲避。

台风是什么？

台风是热带低气压形成的强风伴随着暴雨。中心最大风速达17米/秒以上。台风的名字由受台风影响的各国提出，按顺序循环使用。我国提出的名字有海葵、悟空、玉兔、白鹿、风神、海神等。

儿童安全知识抢答

❶ 请选择出雷雨闪电的时候可以躲避的安全场所。

① 雨伞下　　　　② 建筑物或汽车内
③ 大树下　　　　④ 路灯下

❷ 下列刮台风时错误的行为是哪个？

① 留意收看、收听灾害报道
② 把胶带呈×形贴在窗户上
③ 把可能被风刮跑的东西搬到屋内放好
④ 待在大树底下是安全的

25

外星来客

嘟嘟的家乡在嘟嘟星球。

不知道从什么时候开始，嘟嘟星球上出现了一群怪物，它们不断骚扰着嘟嘟星球上的居民。没办法，嘟嘟星球上的居民只好纷纷逃亡到别的星球。嘟嘟一家乘宇宙飞船来到了地球。

"在我们知道的四万四千个星球当中，再没有像地球这么美丽的地方了。这里才是我们要找的家园呀！"望着像图画一样美丽的蓝色大海，嘟嘟的爸爸激动地喊道。

嘟嘟一家把房子建在了海边。他们游泳、玩沙子、做游戏、坐在椅子上看海，过着悠闲的日子。

然而有一天，嘟嘟一家感觉到地面在剧烈地晃动。

"爸爸，快看啊！海水后退了。"

这时，突然响起了危险警报。

"嗡嗡！海啸警报！海啸警报！海啸马上就要来了！请大家迅速撤离海滩！"

海边的人们听到广播都紧张得拔腿就跑，拥向陆地。

"大家往高处跑，爬到高层建筑物的屋顶！"

嘟嘟一家人也挤在闹哄哄的人群中，奔跑着躲避即将到来的海啸。

啊，地在晃呢！

大海很奇怪！

摇摇晃晃

"木头房子不结实，应该到钢筋水泥的建筑上面去！"

"去6层以上的建筑物上躲避！"

嘟嘟一家跟着大家，跑进了高大的钢筋水泥建筑物里。

大家都知道这时候电梯可能随时会停，走楼梯更安全，于是顺着楼梯爬到了屋顶。在那里，人们看到了可怕的巨浪席卷了海岸，房子和树木被冲倒，卷入大海。嘟嘟一家的房子也没能幸免，都找不到了。

"海啸一般会来来去去好几次才能平息下来，所以必须关注天气预报。"

听人们这么说，嘟嘟一家就静静地等待着海啸警报的解除。

"爸爸，海啸像嘟嘟星球的怪物一样可怕！"

"是啊。大海虽然美，但是海啸真是令人害怕啊！"

过了大半天，海啸警报终于解除了，嘟嘟一家乘坐宇宙飞船离开了海边的小村子，去寻找新的安乐窝了。

1 海啸预见

在海啸来临之前，海水会突然后撤，或者有类似地震的感觉。

2 迅速撤离

海啸袭来的速度非常快。海啸警报一响起，就要立即撤离。

3 去高层钢筋水泥建筑内躲避

爬到6层以上的钢筋水泥建筑物上面比较安全，木制房屋不结实，可能会被海啸卷走。

4 走楼梯撤离

坐电梯可能会被关在里面出不来，所以应当走楼梯撤离。很多人一起撤离的时候，不要互相推挤。

5 关注灾害报道

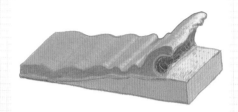

海啸是什么？

海底发生地震引起的巨大潮水叫作海啸。海啸比海浪更高，速度也更快，能够瞬间席卷附近整个海岸地区。

密切关注灾害报道，直到海啸停止。

儿童安全知识抢答

❶ 请从下列中选出能够知道海啸要来的现象。

① 海水突然后撤
② 感觉到地面震动
③ 海啸警报响起
④ 下雨了

❷ 当海啸来临的时候，下列哪个孩子的行为是不对的？

① 跑到远离海岸的高山上躲避的孩子
② 爬到6层以上的钢筋水泥建筑物上躲避的孩子
③ 不乘坐电梯，而是走楼梯的孩子
④ 海啸刚一停，就马上回海边去找玩具的孩子

正确答案 ❶①②③ ❷④

下大雪啦

"哇，好美啊！"

嘟嘟一家坐着宇宙飞船到处寻找新的安乐窝。他们发现了一个群山环绕的村庄，里面有一片高高低低的房子，看上去很美。嘟嘟一家决定在村庄里安家，就在那里盖起了房子，住了下来。嘟嘟每天都和爸爸一起爬山、在溪谷里玩耍，好不快活。

一转眼到了冬天。

"爸爸，天上飘下来白白的、轻飘飘的东西！"

"那是雪。地上的水在太阳光的照射下会变成水蒸气上升，形成云，云遇到冷空气的时候会变成雪降下来。神奇吧？"

很快，地上积了厚厚的一层雪，嘟嘟滚起了雪球，堆了一个可爱的雪人。嘟嘟还在洁白的雪地上印脚印，新奇地跳来跳去。

"嘟嘟呀！雪地很滑，手揣在兜里走路容易摔倒！"

嘟嘟不听爸爸的话，仍然把手揣在兜里跑来跑去，差一点儿摔个大跟头。

大雪连续下了好几天都没有停。雪越积越厚，房顶被完全覆盖了，白茫茫一片。院子里和道路上的积雪都已经到了膝盖。

"下大雪的时候，待在家里比较安全。"

嘟嘟一家把应急用的生活用品放在了容易看见的地方，并且认真收听天气预报。

"嗯，下大雪的时候，应当乘坐公共交通工具，不能上高速公路。"看着电视里被困在高速公路上不能动弹的车辆，爸爸发出了感叹。

就在这时，村子里的广播响了。

"连续几天的暴雪有引起山体滑坡的危险。请全体居民迅速撤离到避难场所去。"

嘟嘟一家装好了应急用品，急忙跑到了避难场所，在那里度过了一个晚上。村子里的人对嘟嘟一家很友善。嘟嘟还交了新朋友呢。

第二天，虽然很幸运没有发生山体滑坡，但是嘟嘟家的房子被积雪压塌了。

"哎，我们要不要去别的星球安家？"妈妈叹了一口气，问道。

"妈妈，我喜欢地球。地球人有温暖的心。"

"我们把房子修得结结实实的，让它能抵抗暴雪，我们就在这里永远幸福地生活吧！"爸爸坚定

有力地宣布。村里的邻居们帮嘟嘟一家人清理了房前的积雪和倒塌的房子，在原地重新盖了一座又结实又漂亮的新房子。

"爸爸，我们的新家可真棒啊！"

嘟嘟一家人满意地望着自己的房子，开始了新的生活。

1 不要外出

随时了解天气预报，尽可能不出门。下暴雪时外出，有可能会被困住。

2 清理门前的积雪

沙子

如果积雪过多，紧急时刻就难以撤离。因此一有空就应清理门前的积雪，可以撒上沙子使雪融化。

3 使用公共交通

雪天路滑，汽车发生事故的可能性增大。外出时最好乘坐公共交通工具。

4 准备应急用品

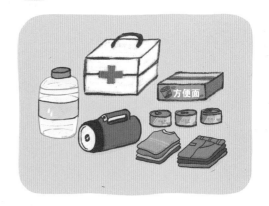

方便面

暴雪可能会影响交通出行，因此要事先准备好应急食品和药品、生活必需品等。

5 行走时手不要揣在兜里

下雪天不要把手揣兜里走路，那样容易滑倒，甚至摔伤。

6 提前撤离

独自生活的老爷爷或老奶奶，最好提前撤离到村委会一类的避难场所。

7 被困在路上

不要进入高速公路。如果被困在高速公路或其他道路上，可以把车停靠在右侧，在车里留下联系方式和钥匙，然后去附近的村庄或社区躲避。

暴雪是什么？

暴雪指的是一次下了大量的雪。下暴雪可能会导致人员被困、屋顶坍塌、道路堵塞、塑料大棚倒塌、农作物遭破坏、山体滑坡等事故发生。

暴雪来临时 **预知山体滑坡的方法**

1 确认门的状态

确认门是否能正常地打开和关上。

2 查看是否有裂缝

仔细地察看墙壁或地板，是否出现了以前没有的裂缝。

3 确认是否摇晃

确认墙壁或围墙、树木等是否在摇晃或移动。

4 注意是否有轰鸣声

留意倾听是否有平时听不到的嘈杂声音。

5 留意山体滑坡警报

山体滑坡的发生就在一瞬间。灾害天气要留意收听山体滑坡警报，以便能尽快撤离。

6 快速撤离

山体滑坡警报声一响，就要快速撤离到附近的避难场所。最好事先了解避难场所的位置。

山体滑坡警报

避难场所

儿童安全知识抢答

❶ 下暴雪的时候，下列哪个孩子的行为是不对的？

① 在雪地上行走的时候，不把手揣在兜里的孩子

② 尽可能不到外面去的孩子

③ 爬到车顶上清理积雪的孩子

④ 清理门前的积雪，在上面撒沙子的孩子

❷ 请选择山体滑坡发生之前出现的现象。

① 家里的门不能正常关上

② 墙上出现裂纹

③ 墙壁、围墙或树木等摇晃

④ 出现了平时没听到过的巨大声响

正确答案 ❶ ③ ❷ ①②③④

讨厌的雾霾

春天到了，小树的嫩芽伸了伸懒腰，迎春花张开了嫩黄的笑脸。

只可惜天空灰蒙蒙的，就像有雾一样。

"爸爸，好像要下雨了。我要带上雨具、穿上雨靴出去。"

"嘟嘟呀，天空灰蒙蒙是因为雾霾，电视里正在播放呢。"

嘟嘟扭头去看电视，少儿节目的主持人姐姐正在讲关于雾霾的事情。

"如果吸入了雾霾，会引起打喷嚏、嗓子刺痛等症状。雾霾中的可吸入颗粒物或重金属在体内积累的话，身体可能会生病。"

"那么雾霾天我们应该怎么办呢？"

主持人姐姐就像在回答嘟嘟的提问似的，说道：

"雾霾的时候，关紧所有的窗户，最好不出门。不得不

出门的时候，要戴上防雾霾专用口罩和帽子，穿长袖衣服。"

主持人姐姐最后还强调说：

"回到家之后，一定要换衣服，洗手，洗脸，多喝水。亲爱的小朋友们，再见！"

"嘟嘟呀，今天最好不要到外面去！"

爸爸一边紧紧关上窗户，打开空气净化器，一边对嘟嘟说。但是嘟嘟有样东西，特别想今天给朋友。没办法，爸爸只得给嘟嘟穿上了长袖衣服，还给他戴上了帽子和防雾霾专用口罩。

"啊，这不是我昨天弄丢了的玩具吗！谢谢你帮我找到它！"

朋友见到玩具特别开心。原来嘟嘟在雾霾天坚持出来是为了给朋友送玩具，担心朋友因为找不到玩具而着急伤心啊。

"你的口罩好漂亮啊！是从嘟嘟星球带来的吗？"

"不是，是我妈妈做的防雾霾专用口罩！"

"真的吗？我也想有一个像你这样独一无二的帅气口罩！"

嘟嘟答应送给朋友一个口罩作为礼物，他还打算把口罩装饰得漂漂亮亮的。

回到家之后，嘟嘟把手和脸都洗得干干净净的，还漱了口。

过了几天，大风将雾霾吹散了。妈妈把家里的窗户全打开了。

"今天是大扫除的日子！打开窗户换换空气。"

嘟嘟朝窗外望去，天空碧蓝碧蓝的，太阳把大地照得暖暖的，绿绿的草地上开满了各种各样的花朵。嘟嘟想到马上就能和朋友去外面尽情地玩耍，心里激动极了。

1 不要外出

呜，因为雾霾，不能出去玩了！

雾霾天要关紧所有的门窗，尽量不要出门。因为雾霾里含有对身体有害的可吸入颗粒物和重金属。

2 对付雾霾的服装

帽子

雾霾
专用口罩

长袖

必须出门的时候，戴上防雾霾专用口罩和帽子，穿长袖的衣服。防雾霾专用口罩能够阻挡PM2.5，使其不被吸入体内。

3 清洗干净

从外面回到家里，要把手和脸洗干净。要认真清洗鼻腔、洗澡，把粘在身体上的可吸入颗粒统统清洗掉。

4 常常喝水

咕嘟 咕嘟

由于雾霾中的可吸入颗粒物，嗓子可能会感到刺疼，所以雾霾天要多喝水。

5 大扫除

雾霾过去之后，打开窗户换气。

6 用鼻子呼吸

用鼻子来呼吸，而不是嘴。用鼻子呼吸，可以过滤灰尘和部分可吸入颗粒。

雾霾是什么？

雾霾是雾和霾的组合词，常发生在城市里。在人口密集、车辆众多的城市，每天都会排放大量细颗粒物（PM2.5），一旦排出的量超出大气循环的承受力，细颗粒物就积聚起来形成雾霾。

雾霾天气 应急措施

1 眼睛或皮肤痒

不要用手揉或抓挠，把冰凉的湿毛巾敷在上面。如果这样还没有好转，就要去看医生了。

2 咳嗽

咳咳 咳咳

多喝梨水等清肺、凉性的水，如果咳嗽得厉害，或鼻子和嗓子都不舒服，也得去看医生了。

儿童安全知识抢答

❶ 雾霾天气，下列哪个孩子的行为是不对的？

　① 常常打开窗户换气的孩子
　② 待在室内不外出的孩子
　③ 外出的时候戴着防雾霾专用口罩的孩子
　④ 从外面回到家之后，把手和脸都洗净的孩子

❷ 请选出雾霾天气外出需要的装备。

　① 防雾霾专用口罩　　② 长袖衣服　　③ 雨伞　　④ 防护眼镜

正确答案 ❶① ❷①②④

46

交通安全

儿童安全百科

我 会 保 护 自 己

（韩）李美贤 / 文
（韩）李孝实　李敏善 / 图
代　飞 / 译

化学工业出版社
·北京·

前言

　　每个孩子都是父母的天使！每个孩子的安全都会牵动父母、老师和身边所有熟悉的人的心！

　　小孩子都是天真无邪的，他们天性活泼好动，对世界充满好奇，也正因为如此，他们往往比成人更容易置身于危险的境地。比如，儿童医院每天都会收治大量在生活中意外受伤的孩子，新闻里也会时常听到有关儿童被伤害或被拐卖的消息。我们多么希望在全社会共同关注儿童安全的同时，孩子们自己也学会如何保护自己，就像爸爸、妈妈保护他们一样地保护自己！

　　怎样能让孩子们认识到在家里、在学校、在游乐场、在户外等各种场合可能存在的危险，学会保护自己的方法呢？通过孩子们喜爱的童话故事来渗透这种意识，无疑是最好的途径。

　　本丛书编写了25个童话故事，涉及生活中的安全、交通安全、预防失踪和拐卖、防止性侵和虐待、食品药品安全、发生灾害时的安全等6个与日常生活密切相关的安全领域。故事里的主人公在不同的场合经历了各种各样的险情，

但是在正确方法的指引下，他们避开了危险，转危为安！相信孩子们读着故事，会不由自主地和自己的经历做比较，会思考"如果我在这种情况下会怎么做？"这种潜移默化的渗透显然好过说教。

　　每个故事的后面，还有一些图文并茂、简单易懂的"安全规则"，会帮助孩子们梳理故事中的知识点。紧张刺激的"儿童安全知识抢答"更是让孩子们在玩挑战游戏的过程中进一步加深印象，帮助他们树立安全意识，养成良好的安全习惯。即使遇到危险，他们也能从容应对！

　　希望每个孩子都认识到鲜花很美，但是可能有扎手的刺，不能摘；希望每个孩子都能平平安安、健康快乐地成长！

目录

我们去跳蚤市场吧

几天前，珍珍家里来了一位冒失鬼舅舅。他要一直住在珍珍家里，直到找到工作为止。

"已经有宝宝这个淘气包了，现在再加上冒失鬼舅舅……这以后的日子可要受累了！"

珍珍已经开始觉得头疼了。

一天早晨，该来的事情终于来了。

"今天可不可以带珍珍和宝宝去一趟跳蚤市场？"

妈妈一脸抱歉的表情，拜托冒失鬼舅舅，说着还递过去一个装着零花钱的厚信封。

妈妈把珍珍和宝宝再也不打算玩的布娃娃、机器人、纸

牌、弹珠、乐高积木装了起来，
让他们拿到跳蚤市场去卖。

"舅舅，不要靠在电梯门
上！宝宝，别在电梯里跳，
会引起电梯故障的！"

珍珍看着靠在电梯门上的
舅舅和咚咚直跳的宝宝，不由
长叹了一口气。

从电梯里一出来，宝宝就横冲直
撞地跑着穿过停车场。冒失鬼舅舅紧紧贴着车尾行走。

"宝宝呀！停车场里不知道什么时候就会冲过来一辆
车，要小心呀！舅舅，不能离
车尾太近！"

珍珍因为冒失鬼舅
舅和淘气包宝宝，一刻
都不能安心。

从小巷出来到大路
的时候，珍珍小心观察
两侧是否有车过来。大路

上不仅有行人，还有汽车、自行车、摩托车来来往往，更应该多加小心。

宝宝跑着跑着撞上一位老爷爷，被老爷爷说了一顿；舅舅走路时低头玩手机，差一点儿被摩托车撞倒。珍珍的心都提到嗓子眼儿了。

"啊，绿灯了！"

宝宝一看到绿灯开始闪，就要过马路，珍珍好不容易才抓住了他。

稍微等了一下，珍珍才举起一只胳膊，快速走过人行横道。宝宝和舅舅老老实实地跟在珍珍后面。

"工地是危险的地方，不要靠近或张望，应该快点儿通过那里。"

为防止被地上突起的东西绊倒，或踩进下陷的地方崴了脚，珍珍走路的时候很留意脚下。而大大咧咧的宝宝却被石头绊倒了，舅舅也一脚踩在了狗屎上。

终于到了跳蚤市场，珍珍、宝宝和舅舅一起把带来的东西摆放在垫子上出售。他们的东西挺受欢迎的，不到半天就卖完了。舅舅用挣来的钱，给珍珍买了本图画书，给宝宝买了件玩具，给自己买了一条领带。

大家高高兴兴地回到家，妈妈一脸感激地对舅舅说：

"带孩子们出去辛苦你了！我做了你最喜欢的炖排骨。"

珍珍哭笑不得。因为今天最辛苦的人其实是珍珍。冒失鬼舅舅和宝宝，不知道让珍珍操了多少心呢！

1 在人行横道前停下脚步

在通过人行横道前，要先停下脚步等待绿灯。这时不可以从人行道上下去站到车行道上。

2 观察右边、左边

绿灯亮了之后看看左右两边是否有车辆过来。在没有红绿灯的路口，过人行横道前更要仔细观察。

3 举着手过马路

要确认车是否完全停下来了，注视着司机并举手。从人行道上离车较远的一侧通过。

4 绿灯闪烁时

啊，绿灯闪了！

当绿灯开始闪，马上要变黄灯时，不要抢着过马路，等下一个绿灯。如果在穿过人行横道的过程中变了红灯，会很危险。

5 在小巷里

从小巷出来到大路的时候，先停下脚步，左右看看是否有摩托车或汽车经过。大路上汽车、自行车、摩托车来往很多，出事故的可能性较大。

6 在公交车站点

即使公交车停在那里，也不可以下去站到车道上。像公交车那样的大车，驾驶员的座位比一般汽车高很多，因此小孩子如果站在正前方，司机有可能会看不到。

7 在停车场

不在停着的车后面玩。如果司机倒车会发生危险。

8 在施工现场

要小心头顶，注意是否有像钢筋那样的物体坠落，砸到脑袋会有危险。

9 避开井盖

走路时要注意脚下，遇到各种井盖要绕着走。

10 小心脚下

被挖开的路面不平，因此走路的时候要小心脚下。

11 不要倚靠电梯门

不要倚靠或用手推电梯的门。如果门突然开了，可能会摔下去。

12 不要在电梯内玩耍打闹

不要在电梯里"咚咚"地蹦跳、玩耍打闹，也不要随便触碰紧急呼救按钮。

13 电梯发生故障时

电梯发生故障时，不要强制打开电梯门，按下异常情况呼叫按钮后，倚靠电梯壁坐下，等待救援。

14 走楼梯

当地震、火灾等灾难事故发生时，不要乘电梯，一定要走楼梯。

儿童安全知识抢答

请找出下图中所有进行危险活动的孩子。

靠近井盖玩耍的孩子；一边玩手机一边走路的孩子；突然跑到车后边的孩子；强行推电梯门的孩子。 ：案答确正

嗖嗖大会

今天是召开嗖嗖大会的日子。

小猴子一心想要在大会上得第一名。

去会场一看，准备骑滑板车、轮滑的小伙伴还真多。小猴准备了自行车，它想：自行车可比滑板车或轮滑快多了。

"小猴，你为什么既不戴安全帽、也不戴安全护具呢？"

小猴向周围一看，小伙伴们头上都戴着安全帽，膝盖和胳膊肘也都戴着安全护具。

"不要紧。戴着那些玩意儿，活动的时候只会碍手碍脚。"

尽管三瓣嘴担心它摔倒时可能会受伤，但小猴却置之不理，自信满满地说：

"我有信心不摔倒，还是担心一下你自己吧！"

"准备，砰！"

终于出发了！小伙伴们有的骑着自己的自行车，有的滑着滑板车，有的滑着轮滑，开始向前跑。小猴当然不甘落后，拼命地蹬脚踏板加速前进。不一会儿，小猴就领先了。如果这样保持下去，拿第一肯定没有问题。

"现在在哪儿？"

小猴想回头看看跟在后面的小伙伴们，谁知"哐当"一声摔倒了。小猴一骨碌爬起来，骑上车再次出发。

小猴骑啊骑啊，一个个地甩掉对手，第一个到达了终点。

可奇怪的是，奖牌却没有发给小猴。这是怎么一回事呢？

原来嗖嗖大会并不是给第一名发奖牌，而是把奖牌颁给那些正确使用交通工具并安全到达终点的参赛者们！除了小猴以外，所有的小伙伴都得到了"安全奖牌"。

"我又不知道是那样的规则，还以为只要第一个到达就行了呢……"

小猴哭丧着脸，又惭愧又伤心。这时，校长先生来到小猴面前，对它说：

"小猴，你知道自己为什么没得到奖牌吗？"

"知道，没戴安全帽，也没戴安全护具……"

"对，你都说对了。另外，骑车的时候一定要两只手牢牢握着车把手！"校长先生摸着小猴的脑袋说道。

"经过十字路口的时候，应该从自行车上下来，推着车走！"

"下雨天不可以骑自行车！"

"应该在自行车道上骑！"

不知什么时候，一群小伙伴都聚集在了小猴的身边，大家你一句我一句地说个没完。

"现在小猴都明白了，那要不要也给小猴一个奖呢？"

"要！"小伙伴们异口同声地喊道。

"下次可一定要安全骑车哟！那就给小猴发一个'提前颁发的安全奖牌'吧。"

哇！小猴也得到了奖牌——提前颁发的安全奖牌。

"今后我一定要安全骑车！"

小猴紧握着拳头下定了决心。

骑自行车、玩滑板车和轮滑的 **安全规则**

1 使用安全防护用具

骑自行车或玩滑板车、轮滑的时候，应该头戴安全帽、膝盖和胳膊肘戴安全护具，这样即使摔倒了也不会受伤。

2 只在适合的场所运动

不要在机动车道或人行道上骑自行车或玩滑板车、轮滑，只能在宽阔的空地、运动场等安全地带进行这些运动。

3 下雨天不要骑自行车

下雨天路面很滑，因此不要在雨天骑自行车或玩滑板车、轮滑。

4 过人行横道时下车

在人行横道上可能会撞到行人，所以应当从自行车或滑板车上下来，推着车通过。

5 不做危险动作

!　　骑自行车或玩滑板车的时候，不要单手握车把，或者抬起轮子。玩轮滑的时候，不要单脚滑。

6 选择合适的工具

我骑上正合适！

!　　只有和身高相匹配的工具才是安全的。坐在自行车上的时候，脚应该能够着地；轮滑鞋也应该合脚。

儿童安全知识抢答

请在空格内填上适合的词语。

❶ 骑自行车通过（　　　　）的时候，应该从自行车上下来，推着车通过。

❷ 保护装备包括戴在头上的（　　　　）和膝盖、胳膊肘的安全护具等。

❸ （　　　　）一上一下的时候，应该脱掉轮滑鞋，拎着走。

❹ 骑自行车的时候，要在自行车（　　　　）、公园、运动场等安全地带骑。

正确答案 ❶ 人行横道 ❷ 安全帽 ❸ 台阶 ❹ 专用道

未来汽车嗡嗡

今天是12月31日，丁咣当先生一家决定出门旅行去看日出，来迎接新年的到来。丁咣当先生去"汽车博士"公司租了一辆可爱的红色汽车嗡嗡。

"嗡嗡的性格有些古怪，它只进行安全的行驶。"

听了汽车博士的话，丁咣当先生竖起了大拇指。

"这正是我们需要的汽车。我们想要安全旅行，远离交通事故！"

丁咣当先生坐进嗡嗡，发动引擎，踩下油门，可是嗡嗡一动也不动，只是发出警报声。

"嘀嘟嘀嘟！儿童不要坐在副驾驶座上！"

坐在副驾驶座的木木只好噘着嘴换到了后排座位上。

21

嘀嘟嘀嘟 危险！

"嘀嘟嘀嘟！请系好安全带！"

等素素正确地系好了安全带，嗡嗡这才发出"嗡"的一声，出发了。

"嘀嘟嘀嘟！请不要把手伸出窗外！"

嗡嗡一边发出警报，一边停住了，正在打闹的木木和素素只好关上车窗，老老实实地坐好了。

"咦，这是什么味儿呀！"

进服务区休息的时候，丁吭当先生把木木和素素留在了车上，自己去了趟洗手间。不一会儿工夫，车里充满了臭屁的味道。

"嘀嘟嘀嘟！发射1号臭屁警告！不要随便触碰驾驶座按钮！"

"哎哟，孩子们又捣乱了。嗡嗡，对不起啊。"

接下来的路途，嗡嗡按照规定好的速度行驶。

在学校附近，嗡嗡甚至像乌龟一样慢吞吞地行驶。

终于到了海边。嗡嗡刚停下，木木就要打开车门往

外跑。

"咦，门怎么打不开？"

突然，一辆摩托车呼啸着从嗡嗡旁边驶过。

多亏了嗡嗡，木木才躲过了危险。

这时，丁咣当先生的手机响了，他听到了邻居乱吵吵先生一家出了交通事故，被送往医院的消息。

丁咣当先生一边抚摸着嗡嗡，一边感谢它护送自己和家人安全地到达海边。

"哇，大海！"

木木和素素大声喊叫着。冉冉升起的太阳把海平面映得通红，丁咣当先生遥望着大海，许下了旅行平安的心愿。

1 坐在车后座上

司机旁边的座位是最危险的位置。遇到事故弹出的安全气囊也不是为儿童身体定制的，因此儿童必须坐在后排座位。

2 系好安全带

咔嗒

在发生碰撞等事故时，安全带能保证身体不被甩出车外。要系好安全带，不要打结缠绕或松散。

3 不碰按钮或开关

不要随便触碰驾驶座周围的按钮或开关。按错了按钮或开关，可能会发生事故。

4 不要打闹

叽里呱啦

不要在车里吵闹或打闹，那样会影响司机不能专心开车。

5 不要把头或手伸出车窗外

🚨 不要向车外伸出手或者头，因为可能会碰到经过的车辆或物体。也不可以向车窗外扔东西或者垃圾等。

6 观察好了再下车

啊！

🚨 准备下车时，要先观察周围，确认安全再下车，以免被从后面驶来的汽车或摩托车撞到。

儿童安全知识抢答

❶ 下列哪个孩子在车里的行为是正确的？

① 真真：太勒了，我才不系安全带呢！
② 娜娜：我最喜欢坐在副驾驶座位了！
③ 小宇：我不在车里吵闹。
④ 小妍：我曾经坐在驾驶座上模仿开车的样子。

❷ 发生了什么事故？请想象一下，并试着说一说。

正确答案：❶ ③ ❷ 图片描述：大概是车祸伤到了人

交通指示牌的种类

儿童保护区域

孩子们常常走的路。

人行横道

行人过马路的斑马线。

步行专用道

只有步行的人才能走的路。

自行车横道

可以骑车穿过马路的地方。

自行车专用道

只有自行车才可以行驶的路。

汽车专用道

只有汽车才可以通过的路。

自行车及行人专用道

只有自行车和行人才可以走的路。

禁止步行

人不可以步行的路。

禁止横穿

不可以过马路的地方。

慢行	停	禁止进入

汽车应该慢慢行驶的地方。	汽车要暂时停下来的地方。	车不能开进去的地方。
禁止通行	**铁路岔道口**	**道路施工中**

行人和车辆都不可以走的路。	火车经过的路。	道路施工中，路况复杂。
隧道	**飞机**	**危险**

有隧道的地方。	飞机起飞着陆的地方在附近。	路面崎岖不平、危险的地方。

盼盼的一天

我的名字叫盼盼。

我和盲人叔叔一起生活。

今天叔叔好像有个特别的外出活动，说是要去给孩子们朗读童诗。我得把叔叔安全地领到朗读地点——福利会馆大讲堂。

去福利会馆的路比想象的复杂，要先乘坐公交车，然后还要换乘地铁。我领着叔叔到了公交车站。

终于，我们要乘的公交车来了。

啊，人们一看到公交车，就"哗啦"一下涌向了车门。

为了保证叔叔的安全，我等人们都上了车后才带叔叔上车。

"汪汪！"

我一叫，叔叔就跟着我上了公交车。

我蜷着身体，安静地趴在叔叔的座位旁边。车上有很多孩子，有的叽叽喳喳吵个不停，有的用车上的把手打打闹闹，还有的甚至把手和脑袋伸出车窗。

坐了三站，我们该下车了。我先确认了在公交车和人行道之间没有摩托车或汽车经过，然后才让叔叔下车。

接下来要换乘地铁了。我们乘自动扶梯去地下。叔叔站在扶梯上的黄色安全线以内，紧紧抓着扶手，以免摔倒。

终于到了乘坐地铁的地方。

"丁零丁零，开往大化的列车正在进站。"

我和叔叔一起站在安全线以外安安静静地等着。等地铁列车上的人都下来了之后，我们才上车。

砰砰

叽叽喳喳

哼……

30

"哎呀!"

列车门在关上的那一瞬间,一位老奶奶着急忙慌地想进来,差点儿被门夹了手。

列车轰隆隆地行驶着,我仍就静静地趴在叔叔的座位旁边。

过了几站呢?

"呼呼!""发生火灾,发生火灾!请全体乘客撤离到车外!"

突然响起了撤离广播。车门打不开了,一位叔叔转动座椅旁的摇杆,打开了安全门。为了防止吸进烟雾,人们纷纷用手绢或手捂住了嘴,弯下腰,沿着紧急指示灯撤离。我也拉着叔叔安全地逃离了地铁。啊,这是我导盲犬生涯中最危急的时刻了。

"哦,去朗读会可能要迟到了!盼盼,我们坐出租车去吧!"

我们坐在出租车的后座上,牢牢地系着安全带。虽然我极力调整着自己的情绪,可心脏还是"突突"乱跳。不过,叔叔看起来还是蛮平静的。

终于到达福利会馆了!

叔叔给孩子们深情地朗读了童诗,他仿佛看见了孩子们那一双双充满期待的亮晶晶的眼睛。

"盼盼是我们家的特别成员。它

是我的眼睛、我的耳朵、我的手。它有时候比我自己更知道我的心意，它是我最感激的伙伴。"

我深受感动。

今后我要一直做叔叔宝贵的眼睛和耳朵。

在公共交通工具里的 **安全规则**

1 乘公共汽车上下车的时候

按秩序上下车。上车的时候不要提前站在车道上，下车的时候要小心观察是否有自行车或摩托车经过。

2 站在车上的时候

在公共汽车或地铁列车里站着的时候，要牢牢抓住扶手，不打闹，以免急刹车的时候摔倒。

3 系安全带

乘坐高速巴士、长途汽车和出租车的时候一定要系好安全带。只有系好安全带，才能在发生事故的时候一定程度上保护身体。

4 不要把手伸出窗外

在公共汽车和出租车里不要把头或手伸出窗外，有可能会被经过的大车碰到而受伤。垃圾也不要扔到窗外。

5 不要越过安全线

⚠️ 不要越过黄色安全线。即使地铁列车已进站，也要站在安全线以外等待，直到屏蔽门打开。

6 不要倚靠车门

⚠️ 不要倚靠车门站立。因为车辆行驶中如果门突然打开，人可能会掉下车。

7 不要碰开关

别碰！

⚠️ 不坐出租车副驾驶座。不碰出租车里的各种按钮或在车里打闹，以免妨碍司机驾驶。

8 了解出租车信息

出租车驾驶资格证明

单位 首尔个人出租车
姓名 弘吉童
资格证编号 Q2-01-00000
车牌号 3214 0000

2014年2月1号
首尔个人出租车事务联合理事会

⚠️ 了解出租车牌号、电话、司机叔叔姓名及联络处等信息，以防万一。

9 紧握自动扶梯扶手

乘自动扶梯时一定要紧握扶梯扶手。这样，当扶梯突然停住的时候才不会受伤。

10 不要反向乘自动扶梯

可这是往下去的啊……

不要乘向下的扶梯时往上跑，或者乘向上的扶梯时往下跑。

11 小心鞋带

站在黄色安全线以内。注意散开的衣角或鞋带，不要夹进缝隙内。

12 小心拖鞋

又薄又软的橡胶拖鞋可能被自动扶梯夹住，因此要更加注意。

13 物品掉落的时候

在扶梯上捡掉落的物品时，手指头有可能会被夹在空隙里，因此请大人帮忙捡。

14 自觉站成两队

在扶梯上靠右站立，人多时自觉站成两队，不要推挤前面的人。

儿童安全知识抢答

❶ 下列哪个孩子的行为是安全的?

① 在自动扶梯上捡失落物品的孩子
② 在出租车后座上系着安全带的孩子
③ 在地铁上靠着门的孩子
④ 头伸出窗外的孩子

❷ 下列哪个不是地铁发生火灾时的逃生要领?

① 按紧急报警铃联系乘务员
② 如果门没有打开，就用手扒开门逃出去
③ 用手绢捂住鼻子和嘴，呈匍匐姿势逃出去
④ 停电了漆黑一片的时候，不要往墙壁的方向去

正确答案 ❶ ② ❷ ④

36

1 使用灭火器

按紧急报警铃通知乘务员，火势小的时候用灭火器熄灭。

紧急报警铃

2 用手打开门

门打不开的时候，用手转动门旁边或座椅下方的扳手来开门。如果那样也打不开门，就用应急锤打碎玻璃窗。

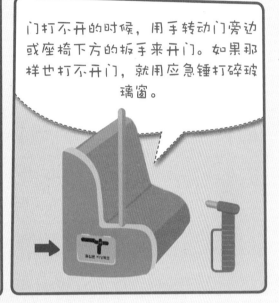

3 不要吸入烟雾

由于烟雾内含有有毒气体，因此不能吸入。用湿手绢或手捂住鼻子和嘴，匍匐姿势逃出去。

4 沿着紧急指示灯走

漆黑一片的时候，沿着地上的紧急指示灯找到出口。如果看不到紧急指示灯，扶着墙出去。

闲闲公主的旅行奇遇

"无聊啊！实在太无聊了！"

闲闲公主觉得每天只能待在城堡里的生活实在太无聊了。

"对，我要离家出走，像普通人那样来一次说走就走的旅行！"

闲闲公主决定走出城堡，去看看外面的世界。

闲闲公主和奶妈一起偷偷地从城里跑了出来，到了火车站。

"火车即将进站。请乘客们站在黄色安全线以外等待。"

闲闲公主怀着激动的心情，小心翼翼地登上了火车。

"哇，火车开动了！"

闲闲公主欣赏着车窗外美丽的风景，快活得像只小鸟一样。可是没过多久，火车突然减速并停了下来，车上响起了警报。

"有一节车厢着火了。请各位乘客按照乘务员的指示紧急撤离！"

一个年轻人看到不知所措的闲闲公主，对她说：

"这儿有块用水浸湿的手绢，请用它捂住鼻子和嘴，然后弯下腰，把身体放低，跟我走。"

闲闲公主和奶妈跟着年轻人安全地逃到了列车外面，刚想向年轻人说声谢谢，然而年轻人不知道什么时候已经不见了。

闲闲公主和奶妈打算改坐船旅行，于是去了码头。

"请按次序小心登船。请不要在甲板上拥挤或做危险的动作，以免落水。为了应对紧急情况，请提前了解救生衣和安全出口所在的位置！"

闲闲公主一边认真听着船员的话，一边登上了船。

伴随着"呜呜"的汽笛声，轮船启航了。

闲闲公主和奶妈一起来到甲板上，吹着凉爽的海风，还用碎面包喂了海鸥呢。

可惜好景不长，随着"嘭"的一声巨响，船停了下来，很快船身开始朝一边倾斜。

"船碰到暗礁了。请各位乘客穿上救生衣集中到甲板上。"

刚才的年轻人又出现在惊慌失措的闲闲公主面前，并拿了两套救生衣。闲闲公主吓得浑身发抖。

"好，请跟着我。用一只手捂住鼻子和嘴，另一只手抱紧肩膀，胳膊紧贴着身体，低下头，伸直了脚跳下去。尽可能地跳远一点，离船越远越好。快呀！"

在年轻人的帮助下，闲闲公主和奶妈一起跳下水，乘救生艇平安到达了陆地。

闲闲公主想向年轻人道谢，可是一下救生艇，年轻人又不知去向了。

"公主殿下，咱们回去吧。外面的世界太危险了。"

"不，我还没玩够呢！要不我们改坐飞机吧！"奶妈劝不动闲闲公主，只好带她去了机场。

"哇，快看飞机！像巨鸟一样。"

闲闲公主还是第一次坐飞机呢，她一脸兴奋地感叹着。

"请全体乘客系好安全带。飞机起飞的时候请把座椅靠背和小桌板调回原位。每个座位都配备了氧气面罩，请在紧急时刻使用。"

闲闲公主在靠窗的座位坐下，系上了安全带，认真听着乘务员的亲切讲解。很快，飞机开始滑行，"嗡"地飞上了天空。

"哇，太棒了！飞机起飞喽！"

透过飞机窗户向外看去，自己竟然在云朵上方飞翔，闲闲公主感觉像在做梦一样。

咦？这是怎么了？飞行了一会儿之后，飞机开始猛烈地摇晃。

"飞机发动机出现了点故障，飞机将紧急迫降，请全体乘客系好安全带，按照乘务员的指示行动。"

飞机剧烈地摇晃着，好不容易才着陆了。闲闲公主和其他乘客一起从飞机的紧急出口跳上滑梯，滑到地面。

"请大家尽可能远离飞机，因为飞机有爆炸的危险。"

尽管乘务员大声喊着，但闲闲公主早已吓得腿上没了力气，一直呆坐在那里。这时，有人拉起闲闲公主，拽着她的手就跑。

"太危险了！快跑啊！"

奶妈也跟着他们俩跑了起来。

我好害怕，公主殿下！

请按顺序滑下去。

43

当他们离飞机有些距离的时候，飞机"轰"的一声爆炸了。

大家缓过神再一看，拉着闲闲公主跑的人，就是在火车和轮
船上帮助过闲闲公主的那个年轻人。

"啊，又是你! 真不敢相信，你竟然救了我三次, 请问你是谁?"

说完，闲闲公主的脸羞红了，年轻人也红着脸说:

"我……, 我是邻国的开心王子。我特别喜欢旅行, 所以来到了这里"

之后发生了什么，你能猜得到吗?

据说，闲闲公主和开心王子相爱并结婚了。他们俩做了一个"移动城堡", 并搭乘这个城堡环游世界去了。

1 不要越过安全线

胆战心惊

等火车的时候打打闹闹或蹦蹦跳跳是很危险的。要在黄色安全线以外等待火车。

2 东西掉到火车道上的时候

东西掉到火车轨道上的时候，不要自己去捡，可以向车站工作人员寻求帮助。

3 自己掉到火车道上的时候

请帮帮我!

不小心掉落火车道上的时候，要紧贴着趴在站台墙壁方向的空间里，然后大声呼救。

4 上火车的时候

啊!

注意不要让脚夹到火车和站台间的空隙里。等下车的乘客全都下车后，再按次序上车。

5 火车发生火灾的时候

用浸湿的手绢捂住鼻子和嘴，然后尽可能把身体降到最低，向远离铁路的方向撤离。

6 火车发生侧翻的时候

火车由于事故而翻车时，坐在座位上弯下腰，并保护身体不被掉落的物体砸到。

7 火车门打不开的时候

由于事故而无法打开火车车门的时候，要用车厢内的应急锤或灭火器打碎车窗，逃脱出去。

8 在轮船甲板上

扑腾
扑腾

在甲板上不要跑动、推搡伙伴或爬栏杆。

9 了解紧急疏散路线

上船之后，首先要了解救生衣在哪里、发生事故时应该从哪里撤离等，以防万一。

10 来到甲板上

如果有事故发生，要拿着救生衣以最快的速度去甲板上。穿好救生衣之后，准备按次序跳水。

11 从船上跳下去

双腿伸直并拢，一只手捂住嘴巴和鼻子，另一只手抱紧肩膀，然后往远处跳下去。

12 船舱门打不开的时候

如果发生事故，船有可能沉没，应当立刻撤离。如果舱门打不开，可以用应急锤打碎玻璃窗逃出去。

13 小心体温过低

试着像我这样做！

不要脱掉衣服，保持双腿交叉坐着的姿势，胳膊紧抱身体。爬到漂浮在水面的物体上，也是防止体温过低的一种办法哟。

14 不要喝海水

海水中含有盐分，不能喝，如果喝了会感到更加口渴。症状加重的话会引起脱水，甚至有可能失去意识。

15 系安全带

在飞机上系好安全带，并打开窗户的遮光板。这样，一旦发生事故，可以知道外面的情况。在飞机上要注意听乘务员的广播。

16 危险物品

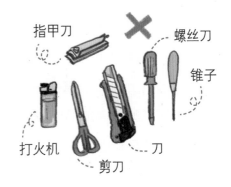

指甲刀　　　　　　螺丝刀

锥子

打火机　　　　　　刀

剪刀

不要携带像打火机一类可能引发火灾的危险品，或者像指甲刀、剪刀、小刀、螺丝刀、锥子一类尖锐的物品上飞机。

17 了解紧急出口位置

上了飞机要首先了解紧急出口的位置。这样有紧急情况发生时才能更快地撤离。

18 整理小桌板和椅子

飞机起飞和降落的时候，要把小桌板收起来，椅子也要调回正常位置。

19 飞机坠落的时候

飞机坠落的时候，要系上安全带，保持身体弯向膝盖方向、两手保护头部的姿势。那样会增大存活的可能性。

20 撤离时不要拿行李

发生事故时不要拿行李，以免耽误了撤离。尽可能弓着身体，沿着紧急逃离指示灯从紧急出口逃离。

21 按次序撤离

通过紧急出口乘滑梯撤离时，要按照乘务员的指示按次序撤离。

22 远离飞机

砰！

撤离后要尽可能快地朝着和风向相反的方向逃离，因为飞机有可能爆炸。

儿童安全知识抢答

❶ 下列哪个孩子遵守了正确的安全规则？

① 等火车的时候在黄色安全线以外打闹的孩子

② 想先上车，所以加塞儿，还推前面的人的孩子

③ 在飞机上系着安全带，并且把座椅靠背调直的孩子

④ 在船甲板上爬上栏杆去看大海的孩子

❷ 在下列事故发生时符合安全规则的后面画O，不符合的后面画X，把它们标记出来。

① 飞机发生事故时不去拿行李（　　　　）

② 撤离后应该远离飞机（　　　　）

③ 火车发生事故后，门打不开时，一直等着直到乘务员来把门打开（　　　　）

④ 掉进海里时，不喝海水（　　　　）

正确答案 ❶ ③ ❷ ①—○ ②—○ ③—× ④—○

Published in its Original Edition with the title
부릅뜨고 안전

Copyright © 2015 Text by Lee mi hyon & Illustration by Lee hyo sil & Lee Min Seon
All rights reserved.
Simplified Chinese Copyright © 2016 by ERC Media(Beijing),Inc.
This Simplified Chinese edition was published by arrangement with GoldenBell
Through Agency Liang.

本书中文简体字版由 GoldenBell 授权化学工业出版社独家出版发行。
未经许可，不得以任何方式复制或抄袭本书的任何部分，违者必究。

北京市版权局著作权合同登记号：01-2016-1837

图书在版编目（CIP）数据

儿童安全百科／〔韩〕李美贤文；〔韩〕李孝实，〔韩〕李敏善图；
代飞译．—北京：化学工业出版社，2019.11
ISBN 978-7-122-35536-2

Ⅰ.①儿…　Ⅱ.①李…②李…③李…④代…　Ⅲ.①安全教育-
儿童读物　Ⅳ.①X956-49

中国版本图书馆CIP数据核字（2019）第231187号

责任编辑：笪许燕　赵　瑜　　　　　　　　　装帧设计：黄　政
责任校对：边　涛

出版发行：化学工业出版社（北京市东城区青年湖南街13号　邮政编码100011）
印　　装：北京凯德印刷有限责任公司
787mm×1092mm　1/16　印张14³/₄　字数110千字　2019年11月北京第1版第1次印刷

购书咨询：010-64518888　　　　　　　　　　售后服务：010-64518899
网　　址：http://www.cip.com.cn
凡购买本书，如有缺损质量问题，本社销售中心负责调换。

定　　价：110.00元（共5册）　　　　　　　　　　　　版权所有　违者必究